职场精英的情商法则

隋荣华 ◎ 著

图书在版编目（CIP）数据

职场精英的情商法则 / 隋荣华著 . -- 北京：中信出版社，2020.6
ISBN 978-7-5217-1846-1

Ⅰ.①职… Ⅱ.①隋… Ⅲ.①情商 – 通俗读物 Ⅳ.①B842.6-49

中国版本图书馆 CIP 数据核字（2020）第 073821 号

职场精英的情商法则

著　者：隋荣华
出版发行：中信出版集团股份有限公司
　　　　　（北京市朝阳区惠新东街甲 4 号富盛大厦 2 座　邮编　100029）
承　印　者：北京盛通印刷股份有限公司

开　本：787mm×1092mm　1/16　　印　张：18.75　　字　数：206 千字
版　次：2020 年 6 月第 1 版　　印　次：2020 年 6 月第 1 次印刷
广告经营许可证：京朝工商广字第 8087 号
书　号：ISBN 978-7-5217-1846-1
定　价：68.00 元

版权所有·侵权必究
如有印刷、装订问题，本公司负责调换。
服务热线：400-600-8099
投稿邮箱：author@citicpub.com

目　录

前　言　　　　　　　　　　　　　　　　　　　VII

导　言　　　　　　　　　　　　　　　　　　　001
　　职场中什么样的行为被认为是高情商　　　　001
　　情商是一种"鉴别性"的竞争力　　　　　　004
　　如何理解情商的真正内涵　　　　　　　　　008
　　EQ-i2.0 国际权威模型介绍　　　　　　　　014
　　ABCD 情商发展系统　　　　　　　　　　　018

第一部分　自我认识　　　　　　　　　　　　023

第一章　自我肯定　　　　　　　　　　　　　025
案例：林江为什么越来越自卑了　　　　　　　　025
第一节　自我肯定就是在情感上接纳自己　　　　026
第二节　自卑感产生的原因　　　　　　　　　　029
第三节　自我肯定情商能力对工作的影响　　　　032
第四节　自我肯定情商能力发展策略　　　　　　033

第二章　自我实现　　　　　　　　　　　　　041
案例：于琼为什么能顺利实现职场飞跃　　　　　041
第一节　情感所向才是内驱力的来源　　　　　　042
第二节　在自我实现中体验积极的情感　　　　　047
第三节　在实现双赢目标的过程中体现自我价值　049

I

第四节　自我实现情商能力对工作的影响　　052
第五节　自我实现情商能力发展策略　　054

第三章　对情绪的自我意识　　059
案例：李力为什么在工作中不开心　　059
第一节　认识情绪感受　　060
第二节　引发情绪感受的原因　　065
第三节　对情绪的自我意识情商能力对工作的影响　　069
第四节　对情绪的自我意识情商能力发展策略　　070

第二部分　自我表达　　075

第四章　情绪表达　　077
案例：亚特的表达方式为什么不恰当　　077
第一节　情绪需要表达　　078
第二节　情绪表达的错误方式　　081
第三节　情绪表达的正确方式　　084
第四节　情绪表达情商能力对工作的影响　　088
第五节　情绪表达情商能力发展策略　　090

第五章　坦诚表达　　093
案例：汉斯为什么要与上司"唱反调"　　093
第一节　没有冒犯性的坦诚表达　　095
第二节　隐忍退让是自我麻痹的表现　　097
第三节　对事不对人的表达方式　　099
第四节　坦诚表达情商能力对工作的影响　　104
第五节　坦诚表达情商能力发展策略　　106

第六章　独立性　109
案例：刘丰为什么带团队失败了　109
第一节　情感独立性　110
第二节　情感依赖性　115
第三节　独立性情商能力对工作的影响　117
第四节　独立性情商能力发展策略　118

第三部分　人　际　123

第七章　人际关系　125
案例：李义如何化解了上司的误解　125
第一节　互惠互利是建立人际关系的基础　126
第二节　与上级建立关系　129
第三节　与同事建立关系　134
第四节　人际关系情商能力对工作的影响　140
第五节　人际关系情商能力发展策略　141

第八章　同理心　144
案例：王超完美化解了项目"烦恼"　144
第一节　体现同理心的两个方面　145
第二节　同理心倾听与提问　148
第三节　发展整合性思维　154
第四节　同理心缺失的原因　156
第五节　同理心情商能力对工作的影响　158
第六节　同理心情商能力发展策略　159

第九章　社会责任感　162
案例：李山如何管理没有责任感的人　162
第一节　社会责任感就是超越个人利益　163

第二节　助力他人成长　　　　　　　　　　　167
第三节　社会责任感情商能力对工作的影响　　170
第四节　社会责任感情商能力发展策略　　　　171

第四部分　决　策　　　　　　　　　　　　173

第十章　解决问题　　　　　　　　　　　　175
案例：王锐为什么不能有效解决问题　　　　　175
第一节　在情绪干扰下解决问题　　　　　　　176
第二节　绑架行为的负面情绪　　　　　　　　179
第三节　培养成果导向思维模式　　　　　　　183
第四节　优秀决策者的特质　　　　　　　　　186
第五节　解决问题情商能力对工作的影响　　　191
第六节　解决问题情商能力发展策略　　　　　192

第十一章　事实辨别　　　　　　　　　　　195
案例：事实真相化解了刘赛的担忧　　　　　　195
第一节　事实辨别就是要遵循客观现实　　　　196
第二节　避免情感现实主义的陷阱　　　　　　202
第三节　事实辨别情商能力对工作的影响　　　208
第四节　事实辨别情商能力发展策略　　　　　209

第十二章　冲动控制　　　　　　　　　　　211
案例：小林为什么如此冲动　　　　　　　　　211
第一节　抗拒和延迟冲动　　　　　　　　　　212
第二节　如何避免冲动　　　　　　　　　　　215
第三节　冲动控制情商能力对工作的影响　　　221
第四节　冲动控制情商能力发展策略　　　　　222

第五部分　压力管理　225

第十三章　灵活性　227
案例：林明的压力感为什么越来越强了　227
第一节　变化是一种挑战　228
第二节　融入现实，适应变化　231
第三节　灵活性差异形成的主要原因　235
第四节　抵制组织变革的情感因素　238
第五节　灵活性情商能力对工作的影响　241
第六节　灵活性情商能力发展策略　242

第十四章　抗压能力　247
案例：吴同如何有效应对压力　247
第一节　积极主动应对压力　248
第二节　有效应对危急局势　258
第三节　抗压情商能力对工作的影响　262
第四节　抗压情商能力发展策略　263

第十五章　乐　观　267
案例：王勇如何应对工程师的反对意见　267
第一节　在逆境中保持积极的态度　269
第二节　基于现实的乐观主义　272
第三节　乐观情商能力对工作的影响　276
第四节　乐观情商能力发展策略　278

结束语　服务于职业目标的情商发展策略　283

前　言

随着人工智能时代的来临，许多人担心人类自身的智商不再是优势，人类将失去社会生存能力。其实，人类有一种人工智能无法企及的优势——情商能力。单纯靠数据计算出来的世界，往往是机械而冷酷的。而人类社会向往且追求的美好世界是少不了爱与美的，也少不了积极美好的情感。因此，在智商不再是优势的趋势下，人类必须守住情商。情商能力也将是未来人类的必备能力。在困境中的自信、乐观与强大的抗挫力，在冲突矛盾中优秀的同理心、适应力、团队协同与协作能力等，都是人类在与机器智能竞争中极难被取代的核心竞争力。

现在的企业也比以往任何时候都面临着更大的经营压力，职场人士也不例外，他们经常要面对的情况是：不劳一定不得，但多劳却不一定多得，也就是加班多了，工作任务多了，但回报却未必随之增多，且伴随着更多的不确定因素和风险。这意味着过去被忽视的对绩效结果不直接产生影响的软性能力，例如更稳定的情绪、更积极乐观的精神、敢于直面挑战的勇气、压力下持续向前的耐挫力、面对残酷事实的信心、战胜困难的决心和顺势应变的灵活度等，如今必须得到重视。这些软性能力不仅对绩效结果会产生直接影响，而且对结果的贡献度会大大提升，而这些软性能力的根基都是情商能力。因此，今天的职场精英们越来越清醒地意识到，一个人如果想成功，不仅要有聪明才智，不仅要掌握专业技术，还要认真思考以下问题：

- 如何调整情绪状态，在挑战和压力面前还能传递正能量？
- 如何确保辛苦付出能转化成一流的工作业绩？
- 如何建立更广泛的人际关系，赢得更多人的信任和支持？
- 如何不断提升自我认知，在实现目标的同时更充分地发挥潜能？
- 如何才能做更优秀的自己，成为职场精英？

另外，新生代员工逐渐成为新商业时代的职场主力军，这让复杂度本来就很高的组织因为代际差异变得愈加矛盾重重，统一思想、统一工作方式变得越来越难。加之组织扁平化管理的大势所趋，岗位的职权影响力会越来越弱，而非权力影响力将是达成结果的核心推动力。面对内、外部趋势的变化，组织对职场精英也有了新的定义，不仅包括要拥有强大的专业技能，还包括能否进行自我调整和管理，能否建立人际关系，是否具有工作主动性，是否具有对挫折和逆境的适应能力，能否有效处理矛盾冲突，是否愿意奉献，是否具有影响力，等等。这说明现代企业对员工的职业化素养和心智成熟度有了更高的期待，而职业化素养和心智成熟度的提升，都需要以情商能力为基础。

幸运的是，与大众对情商的普遍认知不同，情商并非天生不可变的，也并非只有靠丰富人生阅历才能得到提高。情商是可以提高的，并且可以运用科学的训练方法去提高。15年来，我专注于研究职场情商与领导力，对情商的内涵、情商应用场景、情商发展系统、情商发展策略、情商与领导力的关系等形成了自己独特的见解，并在众多知名企业的实践中得到了高度赞同和认可，其中包括戴姆勒（中国）、宝马集团、无限极、康明斯、GAP（盖璞公司）、北京华联集团、西安杨森、GE医疗、东风日产、爱普生（中国）等。在此，我对所有客户朋友的支持与厚爱表示衷心感谢！正是在与这些客户的管理层及资深人士一起深度学习和交流探讨中受到了启发，我才能不停地在情商及领导力领域进行系统性的思考、总结和提炼，最终得以与更多的职场人士分享这份理论与实践、深度与广度碰撞出的研究成果。

隋荣华

2020年3月

导　言

科学家爱因斯坦说："我们应该小心谨慎，以防智力成为我们的上帝。智力有强健的体魄，却没有人格。智力所具有的只是服务作用，而不是领导作用。"智力和清晰的思维是敲开职业发展大门的基本力量，不具备这种基本力量的人，根本无法进入职场这扇大门。在进入职场大门之后，大家会发现，有的人虽然聪明绝顶、技能出众，却经常把事情搞得一团糟；有的人虽然智商和技能远非出类拔萃，却能如鱼得水，蒸蒸日上。所以，职场人士大多都很认同"智商让你胜任，情商让你胜出"的说法。

职场中什么样的行为被认为是高情商

为了更好地理解情商能力对个人及组织效能的影响，近年来我对不同类型、不同性质的企业就一个问题做了大量调研，这个问题是：职场上什么样的行为是不受欢迎的，什么样的行为是受欢迎的？调研中，我发现无论什么性质和规模的企业，大家对这个问题的回答都有着极大的一致性。

不受欢迎的职场行为主要表现为两类，如图0-1所示。第一类行为主要有以下特征：冷漠，内心封闭，只关注事不关注人，过于自我，急躁易怒，太把自己当回事儿，沟通方式简单粗暴，表达方式强势伤人，遇到问题找他人的责任，不易接近，本位主义，等等。分析这类人的画像，我们不难看出，他们更像是走专业技术路线的人，他们的思维和行为模式倾向于"你对我错，你输我赢"，他们表现得比较以自我为中心，与他人形成的关系更多的是竞争对抗而非协作共赢，大家反馈这些人"会做事，但不会做人"，以至他们经常被贴上"低情商"的标签。

"我对你错，你输我赢"

冷漠，内心封闭，只关注事不关注人，过于自我，急躁易怒，太把自己当回事儿，沟通方式简单粗暴，表达方式强势伤人，遇到问题找他人的责任，不易接近，本位主义

个人与组织双输！

欺上瞒下，老好人，做事无原则，过度在意别人的评价，随波逐流没有主见，问题面前缩手缩脚，害怕犯错误，拉帮结派搞小团体，为了个人利益而牺牲团队利益，业务能力不强

"你好，我好，大家好"

图0-1　不受欢迎的职场行为

第二类行为主要有以下特征：欺上瞒下，老好人，做事无原则，过度在意别人的评价，随波逐流没有主见，问题面前缩手缩脚，害怕犯错误，拉帮结派搞小团体，为了个人利益而牺牲团队利益，业务能力不强，等等。分析这类人的画像，我们也不难看出，他们更像是走关系路线的人，他们的思维和行为方式倾向于"你好，我好，大家好"；他们在情感上对他人有较强的依赖性，担心受冷落和排挤，唯恐与他人产生冲突；他们一切努力的目的就是让自己受欢迎。其实在其他人心里，他们并没有那么受欢迎，大家反馈这些人"会做人，但不会做事"，毕竟职场还是

要用结果来说话的。

我从调研中发现，这些低情商行为的普遍存在，给个人和组织效能都带来了极大的负面影响——完成一件简单的任务所花费的时间精力过大，造成任务推进困难，事倍功半。随着企业竞争的加剧，个人和组织效能提升将会是企业管理中越来越重要的话题，而组织效能在很大程度上取决于组织中众多个体每一次互动的有效性。如果每一次互动个体的能量不能得到激发和引领，而是被彼此间的障碍压制，那么个体在完成工作任务时的能量消耗便会大大增加（其中损耗最大的是情感能量）。长此以往，造成的结果就是情感能量趋于负向，也就是会产生所谓的负能量。如果组织中个体呈现出的是负能量的情感状态，那么这不仅会对个体工作态度和工作效能产生影响，也势必对组织氛围、组织文化和组织效能产生不良影响，久而久之将影响组织在市场上的竞争力。

随着组织的进化，组织的复杂度会变得越来越高，个体对达成结果的掌控力越来越弱，一项任务的推进通常依赖于其他人或群体的配合。组织复杂度的提高使得原本就难以澄清的工作边界变得越来越模糊，团队之间、岗位之间的职责界定很有可能存在争议，从而导致个体之间形成很微妙的既合作又竞争的关系。组织结构的扁平化造成合作各方并没有直接的管辖关系，各方不能靠职权强迫他人按照自己的意愿做事。另外，不同时代的职场人士之间在价值观念等方面存在代际差异。这些都表明，组织的不断发展进化对职场人士的生存能力提出了新的时代要求。

如果个体不能重新对岗位职责进行界定，不能看到建立新型的合作竞争关系对于个人和组织发展的意义，不能省察自身在态度和能力方面的局限性，而是一味地相互指责抱怨，或是不能交付对他人、对团队有意义的成果，那么最终导致的一定是个体的工作压力越来越大，情感能量损耗越来越大，组织氛围越来越负向，整体效能也越来越低下。

那么，什么样的职场行为是受欢迎的呢？我的调研结论基本都围绕着以下方面：基于公司核心价值观，既能把工作做好，又能吃苦耐劳；不断学习，追求创新，不断适应变化；靠谱，信得过，合作愉快；自我学习，自我更新；不推诿，不指责，勇于担当；解决问题思路清晰，举重若轻；既能完成当下的任务，又能看得长远并与他人合作共赢；与合作对象能够建立良好的关系；积极主动沟通，对他人需求能快速响应；沟通时能照顾到他人的感受；善于倾听，能换位思考；有能力有个性，但不失谦虚真诚；等等。

在分析这些人的共性特点时，我发现，他们有着非常一致的思维和行为模式，而且这种思维模式与前面不受欢迎职场人的正好相反。他们不主张"你对我错，你输我赢"，也不主张"你好，我好，大家好"，而会为了合作共赢，能够与最广泛的人群建立可信赖的关系，并以完成任务目标为最终目的，体现的是"你好，我好，事情办好"的更高成熟度的职业素养。这些受欢迎的职场行为也是被大家评价为高情商的职场行为。

情商是一种"鉴别性"的竞争力

心理学家丹尼尔·戈尔曼（Daniel Goleman）在《情商》（*Emotional Intelligence*）一书中将"情商"的概念介绍给大众，并率先将此概念应用于商业领域。戈尔曼的研究数据显示：专业技能、智商和情商这三个方面都对出色绩效具有很高的贡献度，但情商的贡献率至少是其他两项要素之和的两倍，而且无论在企业基层还是高层，这个结论都成立。数据还显示：一个人在公司中的职位越高，其情商的贡献率越高，因为在这个层面，专业技能的差异已经变得无足轻重。对于那些身居要职的管理者，85%的能力都属于情商能力的范畴。①

戈尔曼的研究数据有力地说明了造成业绩优秀与业绩平庸差异的主要因素是情商能力。当然，这并不是不承认智商和专业技能的重要性，因为成千上万项的研究表明，智商和专业技能是进入特定岗位的"入门"能力，因为每个岗位对于认知能力都是有要求的，而智商和专业技能决定着你能否达到这些要求。然而，认知能力是纯理性层面的，是知识与技能层面的，而要把事情做好，达成目标，绝非依靠纯理性、纯技能层面就能如愿以偿，还需要处理各种复杂的关系。对于一批智力符合职业要求的储备人才，智商和专业技能无法预测谁会更胜人一筹，而情商往往是一种"鉴别性"的竞争力，它能很好地预测这批储备人才中谁更有可能成就卓越。

心理学家特拉维斯·布拉德伯利（Travis Bradberry）和吉恩·格里夫斯（Jean Greaves）在《情商2.0》（Emotional Intelligence 2.0）一书中谈到，人的操作系统主要由三部分组成：性格、智商与情商。②如果把人比作一台电脑，性格特质就是这台电脑的中央处理器（CPU），智商和专业技能就是硬件系统，情商就是软件系统。性格（禀性）是指一系列独有的特质，这些特质形成一个人在思考、感受、行动时有特色的、持久的和稳定的方式。构成性格的特质基本是固定不变的，即所谓的江山易改，禀性难移。心理学家认为，构成性格的这些特质是相对"稳定的""静态的"，所以性格类的测评基本都是分类的，即将人分成不同的类型，对每个类型的人比较稳定的特点进行描述。

智商是一种衡量人的智力、分析能力、记忆力、语言能力、计算能

---

① 丹尼尔·戈尔曼.情商[M].杨春晓，译.北京：中信出版社，2018.
② 特拉维斯·布拉德伯利，吉恩·格里夫斯.情商2.0[M].康建召，译.北京：中国青年出版社，2019.

力、感知速度、逻辑思考和判断能力等的方式。研究表明，智商在一个人17岁时达到顶峰，在整个成年阶段都保持不变，在老年时衰退。在商业环境中，智商是成功的核心驱动力之一，主要表现为分析推理、宏观思维、战略远见等能力。智商与专业技能相关，但不等同于专业技能和专业度。有的人虽然智商较高，但在自己所从事的专业领域并不具备专业度，所以有上进心的职场人士通常会在提升专业技能和专业度上投入大量的时间和精力。有上进心的职场人士的这种行为是非常必要的，因为这决定了一个人的硬件操作系统是否过硬。

情商是一系列情感和社交技能的反映，是支撑有效沟通、人际关系、团队协作、接纳不同、包容错误等这些软性的、人性的、心智层面的核心要素。情商与性格之间有着很强的依附关系，而我将情商与性格的关系比喻成"情商给性格穿上了漂亮的外衣"。情商能使一个人不断超脱本来的状态，实现从潜意识的"本我"到有意识的"自我"的超越。"自我"状态能使个体在不同的场景下有意识地展现出更恰当、更有效的一面，但并没有从根本上改变本来的性格。所以，情商高的人并不会失去个性，相反他们知道如何让自己的个性被更多人接受。情商既有先天的成分，也有极大的后天发展的空间。

耶鲁大学校长彼得·萨洛维（Peter Salovey）和心理学教授大卫·R.卡鲁索（David R. Caruso）对领导力发展维度的研究，与丹尼尔·戈尔曼及心理学家特拉维斯·布拉德伯利和吉恩·格里夫斯的研究不谋而合。萨洛维和卡鲁索认为，领导力的提升包括两个维度（见图0-2）：一个是纵轴，是管理的技能技巧，也就是操作系统中的硬件系统；另一个是横轴，是情商能力，也就是操作系统中的软件系统。而且，他们发现，组织往往将大量的时间、精力和财力用在纵轴技能技巧的提升方面，但是对横轴的情商能力的关注却远远不够，还基本停留在发挥个人先天水平的阶段。[1]其实，不仅是管理者，职场中所有的岗位都需要从技能和情商两个维度考虑能力的提升。情商与技能技巧的关系，犹如鸟的一对翅膀，二者相互促进，协同工作，偏废任何一只翅膀的鸟儿都不可能在广阔的天空中飞得又高又远。只是因为组织中的岗位性质不同，所以二者对于达成结果的贡献度不同而已。

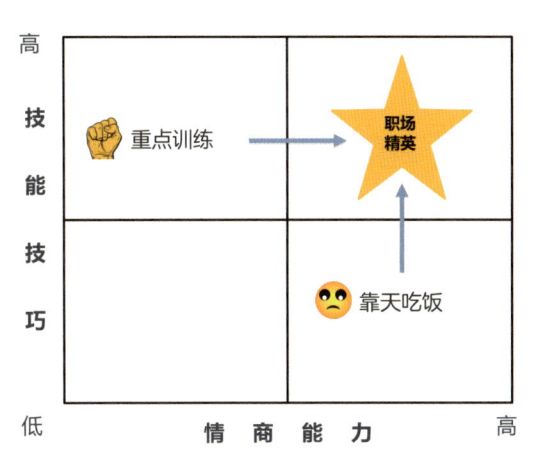

图0-2 职场能力提升的两个维度

基于纵轴和横轴两个维度的能力高低，我们可以对职场人士进行四个象限的划分。有的人属于技能低、情商低的象限，这类人在问题面前既不具备解决问题的技能技巧，也不知道该如何面对问题以及该如何发挥技能技巧，他们是对组织而言价值最低的人。有的人属于技能高、情商低的象限，这类人掌握了一定的技能技巧，但面对问题时不知道该如何应对，不知道该如何有效地发挥技能技巧以达成结果，他们的技能技巧在落地应用时没有载体。有的人属于技能低、情商高的象限，这类人在遇到问题时知道该如何解决，但他们并未掌握解决问题所需要的技能技巧，因此问题未必能得到有效解决。还有的人属于技能高、情商高的

---

[1] 彼得·萨洛维，大卫·R.卡鲁索.情商[M].张丽丽，译.北京：高等教育出版社，2016.

象限，他们在问题面前不仅知道该如何解决，而且具备解决问题的技能技巧，这是对组织而言最有价值的人群，也是最受欢迎的人群。

假如你是部门主管，手下有一名工作积极主动、独立性强、业绩出色、在跨团队和跨部门协作方面表现都不错的员工。年底，你们部门推选此员工参加公司层级的评优，公司将在20位提名者中评出5位优胜者。在评审会议上，虽然此员工也得到了众多好评，但因微弱差距而未能入选。你是评审团的一员，对此结果感到很吃惊，顿时也感觉压力很大。此员工是一个敏感的、自尊心很强的人，对此次当选充满了期待。在这种情况下，你将采取哪些行动？

此情此景，你的情商高低对能否解决好问题具有"鉴别"意义。此时，考验你的既有前文所述的纵轴的技能技巧，即开展艰难谈话、对员工未来发展进行辅导的沟通能力，也有横轴的情商能力，即如何把控局面，奠定谈话的情感基调，引导对方不仅心悦诚服地接受结果，而且还愿意看到自己的问题。只有纵轴和横轴的能力完美结合，这个问题才有可能得到较好的解决，否则你将面临这名优秀的员工因产生抵触情绪而工作懈怠甚至离职的风险。或者即使他不离职，上下级之间的信任关系也可能会遭到破坏，而且此人的情绪状态也可能对整个团队造成负面影响。

如何理解情商的真正内涵

情商的英文是emotional intelligence，中文中通常被称作情绪智力或情感智能。情商是由两部分组成的：第一部分是情绪感受（emotion），第二部分是智能（intelligence）。

一、情绪感受

一位盲人在路边乞讨，牌子上写着"我是盲人，请帮助我！"。路人大多对此麻木不仁，偶尔有人动了恻隐之心，但也只是远远地往盲人的碗里扔个钢镚儿，整个神态极尽鄙夷和怜悯。这时，一位优雅的女士来到盲人身边，把牌子上的字改成了"这是多么美好的一天，我却看不到！"。路人的表现立刻发生了变化，很多人走上前来给钱，给钱的姿势也从远远的"丢"改成了蹲下身子静静的"放"，而且每个人不是只放一个钢镚儿，盲人的碗很快就盛满了。当这位优雅的女士再次回到盲人身旁，盲人通过声音认出她就是那位带来改变的人，就问她："你在牌子上写了什么？"女士回答道："我写的与您一样，只是换了个说法而已！"

换了个说法为什么会带来这么大的变化呢？"我是盲人，请帮助我！"这句话描述了一个事实，不带任何感情色彩。当这句话作用于人的理性大脑时，人的理性大脑对此类乞讨行为司空见惯，无动于衷，而且理性告诉人们这类现象真假难辨，所以大多数人对其不予理睬。但是，当路人读到"这是多么美好的一天，我却看不到！"时，内心深处柔软的一面受到了触动，情感产生了共鸣，于是他们在情感的驱使下纷纷掏钱以表示感动和认同。此时，人的情感完全压倒了理性，完全不会进行类似"这个人也许是个骗子"的分析和判断。

这个小故事揭示了两个道理：第一，人首先是情感动物，人的情感大脑的作用远远超过理性大脑的作用，即人的动物属性使其在外界刺激面前会先产生情绪感受，而不是先进行理性思考；第二，人的情感具有"触发"行为的本能，也就是说，当情感受到触动时，人们就会自动地表现出相应的举动和反应，这是人类情感工作的原理。我们可以从"emotion"这个英文单词的拼写中窥探该原理的含义。"emotion"的词根"motion"，意为"行动、移动"；前缀"e"在英文中是使动词，含有

"移动起来"的意思。合二为一，"emotion"的意思就是，每一种情绪感受都会引发某种行为，引发行为是情感的本能。

每个人或多或少都有过莫名地被某种情绪驱使的体验。有时，积极的情感体验引发了正面的行为反应。例如，因为你喜欢某个人，所以无论他做什么决定你都会认真执行。有时，消极的情绪体验引发了负面的行为反应。例如，因为你不喜欢某个人，所以无论他做什么决定，你都会进行对抗。情感本能触发行为的速度非常快——通常来不及进行理性的推理和判断，你就做出了行为反应。所以很多时候，当思想回归到理性，认真地对事情进行全面系统的思考和分析时，你会发现自己的行为有些冲动，自己对事情的认识有些片面和主观。但在情感触发的当下，尤其当情绪感受表现得很强烈时，人的大脑完全会被情绪绑架，这时的理性思考便完全失去了自己的一席之地。

如果一个人的行为完全依靠情感驱使，那么这会有什么后果呢？后果会有两个：感情用事和表现得过于自我。感情用事就是行为表现过于受当下的情绪驱使，该行为是原始的、应激的、无意识的、随性的、排他的和不计后果的。因为人的情感触发速度非常快，在理性思考的成分还没有介入的情况下行动已经产生了——没有经过冷静思考，没有事实依据，没有客观分析，没有完整规划。这种模式最大的好处是：在某些情境下，它是人们探测危险的雷达，能够让人做出直觉判断，从而立刻采取行动。在这些危险的情况下，如果人们先做出理性分析再采取行动，那么这样不仅可能会出错，还可能导致死亡。这种认知模式的快速性是以牺牲精确和缜密为代价的，它在一瞬间把事物当成一个整体来考虑，而人们来不及深入分析就做出了反应，因此出现错误或误导在所难免。

表现得过于自我是因为个人当下的感受更多的是由个人性格特质、

需求动机、观点认知以及潜意识里的"自我"定位决定的，具有非常强烈的个性化特点。情绪感受不同，触发行动的导向就会不同。当人们太在意自我的时候，为了彰显个性和自我标榜，行为就会平添任性。所谓任性就是任由性情左右自己的行为。人们对自己不关心的、不关注的、有损于自我利益的事情表现出极大的负面情绪，这是典型的受情感本能驱使的行为模式。

人与人之间的互动模式将影响人们的情绪感受，进而影响人们的行为模式。如果与人互动时引发他人的更多的是积极的情感，这就可能触发对方更多的积极行为和积极结果；如果与人互动时引发他人的更多的是消极情感，这就可能触发对方更多的消极行为和负面结果。这个道理会对工作中的人际互动具有很强的指导意义，即通过引发他人的不同的情绪感受以触发对方产生相应的行为。因此，在人们互动的过程中，个人影响力将会不断得到提升。

二、智能

社会发展已经进入人工智能时代。智能化就是对信息的处理，信息就是数据，所以人工智能时代也被称为大数据时代。人工智能是在收集大量的数据信息后，由机器做出智能化决定的一门新的技术科学。人工智能是一个纯理性分析、推理和判断的过程，正如同人的理性大脑，其主要功能就是对数据信息进行处理。无论是技术还是艺术，都是人脑对大量信息进行整合、分析、萃取、再创造的结果。

我们不仅要在技术和艺术层面对人类行为进行理性分析与创造，更需要对其进行智能化的分析和管理。人类的第二属性是社会属性——在工作和生活中扮演不同的社会角色，比如在组织里是领导、下属或职工，在家庭里是父亲、母亲或者子女等。社会的进步与发展会对不同的角色的价值和功能有不同的定义，持有不同的期待。人尽管具有动物属性，但人不可能像其他动物一样任由情感驱使，否则人和其他动物就没有本质的区别了。理性大脑的主要功能就是要对社会属性的人的行为、决策、结果负责，在复杂的社会关系中使人得以生存和发展并做出成就与贡献。人类的大脑皮层进化很快，对数据信息的处理能力日益增强，这种进化与人类复杂的认知行为密切相关。也正因为如此，人类才得以实现从生理学上的一般动物到高等动物的蜕变。

当然，如果没有情感的介入，那么人的理性大脑也不能全然发挥作用。失去了情感，人生也是极其不完整的。安东尼奥·达马西奥（Antonio Damasio）在《笛卡尔的错误》（*Descartes' Error*）一书中描述了12位失去脑前额叶（这一部分的大脑控制着人的情感）的病人。这些人成了"理性的傻子"，他们在各方面都很正常，但他们的情感表露不出来，对情感的任何信息毫无反应，于是他们成了彻底的冷血动物，他们的生活毫无生机和色彩可言。[1]

三、情感智能

人的情感和理性是一种相互依存的关系，情感需要理性来看清全貌，理性需要情感来把握方向！情感智能表现为，理性大脑要在人本能的情感体验和行为反应过程中加入理性的成分，分析判断这样的情感模式和行为模式是否符合自己的社会角色，是否能达成有意义的目标结果。经过多年在情商领域的研究，我认为情商的真正内涵是，智能化地管理情绪感受及其所引发的行为模式的能力。这里要强调的是，并不是所有与情感和思维相关的一切能力都叫情商，因为所谓的情商是指，必须以有

---

[1] 安东尼奥·达马西奥.笛卡尔的错误[M].殷云露，译.北京：北京联合出版公司，2018.

意义的方式促进并协助人们发展的情感思维过程。

情感智能就是智能化地管理情绪感受及其所引发的行为模式的能力。基于此定义，管理情绪感受是情感智能的第一步，也就是说，高情商首先意味着管理情感的能力要强。如果你要快乐幸福地生活，你就要学会了解和管理自己的情绪感受。人生不易，每个人的工作生活中都承担着各种压力，充满着各种艰难困苦，每个人在压力和困难面前一定会产生大量的负面情感。如果你认为这些压力和困难都是令人讨厌的，你的绝大部分时间就会沉浸在负面情绪中，你的思维和行为模式一定也是负面的。人的情绪感受具有传染性，如果一个人所传递的情感信息是负面的，那么在与他互动的人身上表现出的情绪感受也可能是负面的。负面信息"强强联合"，就会形成负面情绪的恶性循环。

在管理情绪感受的基础上，情商能力更主要体现在对情感引发的行为模式的管理方面。一个人不仅要避免自己长时间陷入大悲大喜、过度忧郁、任由负面情绪绑架的情绪状态，还要避免因为心情低落所带来的人际关系紧张、环境适应能力差、容易钻牛角尖、事情越办越糟等局面。一个人要能坦然自若地面对各种问题，能够与各种类型的人建立关系，能够适应各种变化和不确定性，更好地发挥个人创造力，在不同的环境和压力下取得成功，让自己的生活立于不败之地。

前文中谈到的作为部门主管的你，在面对下属员工的落选时，如何才能做出高情商的反应呢？现实中，你可以采用以下行动：

- 现场向投反对票的人寻求对此员工的优点和不足的客观反馈。
- 与此员工约谈，进行面对面的沟通。
- 结合个人观察和其他人的反馈，以事实为依据，对其优势项给予充分肯定。

- 如实反馈在现场了解到的失分项，以事实为依据，让其意识到仍需要改进的方面。
- 倾听此员工的想法，了解他是如何看待此次评选结果的，以及他是如何看待自己的优势和不足的。
- 当面与其共同设定改进的方向和目标，并就具体行动策略达成共识。
- 在后续工作中为员工创造更多的展现自我的机会，为员工发展提供平台。

这些做法不仅要求你在压力下保持情绪的稳定，还需要你对何时采取怎样的行为进行策略性的规划。现实中，此员工尽管会感到很遗憾，但是只要在事实面前他能够客观地看待自己的优势和不足，清楚地知道自己落选的主要原因，他就会明确后续努力的方向——这些足以让他坦然面对当下，重拾信心迎接未来。

EQ-i2.0国际权威模型介绍

情商概念的提出与多元智能理论的提出是息息相关的。多元智能理论是由美国哈佛大学教育研究院的心理发展学家霍华德·加德纳（Howard Gardner）在1983年提出的。他的研究发现，每个人都是多种智能的组合体，除了语言、自然观察、音乐韵律、肢体运动、视觉空间、数学逻辑等方面的智能，还包括内省智能和人际智能。内省智能也就是自我认知的能力，是能意识到自己的内在情绪、意向、动机以及自律、自知、自尊的能力。内省能力强的人通常试图通过各种反馈形式了解自己的优缺点，经常静思以规划自己的人生目标。人际智能是指察觉并区分他人的情绪、意向、动机及感觉的能力，是辨别不同人际关系的暗示以及对这些暗示做出适当反应的能力。霍华德·加德纳指出，无论是哪一种智能，其能力高低的评价标准是生产及创造出社会需要的有价值产品，也就是对客观世界有意义的成果，而不是主观的自我评价。①

加德纳的研究还表明，人有两种截然不同的智能结构：激光式和探照灯式。激光式智能结构拥有一两种超乎寻常的智能强项，在科学和艺术领域取得卓越成就的人，多数有着激光式的智能结构。探照灯式智能结构由均衡的多种智能组合而成，尽管也会有较突出的智能项，但其不能对达成结果形成决定性的影响。政治家、首席执行官，企业管理类、综合类、服务类的职业岗位，需要的是探照灯式的智能结构。加德纳的研究表明，随着时代变迁，人们对智能组合的要求也在发生变化。例如，随着人工智能时代的来临，一些人所拥有的专业技能将逐渐被计算机取代，人类的智能更要体现在寻找机遇、创建合作关系、与外界的沟通交流以及洞察跨界的事物之间复杂关系方面，这种智能组合对情感和社会智能的要求更高。

美籍以色列心理学博士鲁文·巴昂（Reuven Bar-On）是世界上最早正式提出情商概念的人。1983年，鲁文·巴昂基于自己多年临床的心理治疗发现，聪明的人未必能取得成功，而成功的人未必是非常聪明的人。结合加德纳的多元智能理论，经过10多年的研发，鲁文·巴昂于1997年推出了国际上非常有影响力的最早被证明为信度、效度都极高的，也是最早被载入《美国应用心理学百科全书》的情商模型EQ-i。之后，加拿大的权威测评机构Multi-Health System（以下简称MHS）对这套模型在北美进行了长达14年的近千人的样本跟踪，得出了两项重要的结论：第一，情商与绩效水平存在正向关联，也就是说，通过发展情商能力，绩

---

① 霍华德·加德纳.多元智能新视野[M].沈致隆，译.杭州：浙江人民出版社，2017.

效水平就会得到提升；第二，情商与心智成熟度存在正向关联，也就是说，通过发展情商能力，一个人的心智成熟度就会得到提升。在此样本跟踪和研究的基础上，MHS于2011年推出了EQ-i2.0模型（见图0-3）。EQ-i2.0模型中充分展现了内省智能、人际智能以及解决问题创造价值智能背后的情商要素。

图0-3　EQ-i2.0模型

鲁文·巴昂博士及加拿大MHS在多年的研究中发现，一个人的行为表现是否反映了高情商，是由"绩效"与"康乐"两个方面来决定的。绩效是达成有意义的目标结果，康乐是在达成结果的过程中保持身心健康愉悦的状态。要同时实现绩效与康乐，人们需要认识和表达自己，发展和维持社会关系，接受挑战，有效运用情绪信息，在压力面前临危不乱，有效决策及解决问题。在EQ-i2.0模型中，MHS将这些方面的能力分为五大母维度，每个母维度里又包括了三项子维度（共15项情商能力）。

自我认识维度包括三项情商能力：自我肯定、自我实现、对情绪的自我意识。自我认识所讨论的是人们常说的"内在自我"。在此项维度中，高情商意味着一个人能够意识到自己当下的情感，自我感觉有力量，有信心追求人生目标。在商业世界中，人们经常会看到因为没有深刻的自我认识而缺乏一定素养的职场人士，他们不能面对自己的瑕疵，更不能容忍让自己的瑕疵公布于众，为了掩盖其脆弱的自尊，他们永远不会承认自己犯了错误；还有一些人似乎知道一切，身边总是围着一群唯命是从的"应声虫"，他们不听取任何建议，也不会接受自己要对某个错误负责。

自我表达所关注的是人们与外部世界的互动方式。自我表达维度包括情绪表达、坦诚表达、独立性三项情商能力。高情商在此意味着能够敞开心扉，公开表达个人的情感、思想和观点，勇于坚持个人主见，捍卫个人利益。很多人虽然具有自我认识能力，但不能做到有效地展示和表达自己；同样也有不乏缺少自我认识能力的人，他们与外界互动时所反映出的自我形象是不真实的，给人的感觉是虚伪的和不可信的，或对他人表现出侵略性或侮辱性的行为。

人际是与他人有效互动并融洽相处的能力，包括人际关系、同理心、社会责任感三项情商能力。在人际领域表现突出的人能基于信任和关爱，与他人建立和维护互惠互利、付出与回报共存的关系。互惠互利具有付出与回报共存的特点——相互交往的过程令人愉悦，双方对潜在的回报持有信心。建立积极人际关系的技能体现在对他人的敏感度方面，即能够理解他人及其需求，还表现在人际互动中个人的自如状态和舒适度，以及对互动过程和结果持有积极的预期。

决策在情商能力里指的是，当决策的过程涉及情感因素时，人们做出最佳选择的能力。此维度包括解决问题、事实辨别、冲动控制三项情商能力。人们看问题的视角一方面受到目标的影响，另一方面受到自己情绪的影响。一个人不应该受到情绪的无端影响，而要管理具有破坏力的情绪和冲动，在高压之下或者危机之中仍然能处变不惊、保持镇定、头脑清醒，或者在面对棘手的困境时仍然毫不气馁，从而让情感有效地为目标服务，而不能一味地被情感绑架。

压力管理涉及灵活性、抗压能力、乐观三项情商能力。高情商在这里指的是，在压力面前保持冷静和专注，能根据事情进展及时调整方向、策略或原有的观点，在经历挫折或打击后仍能持有乐观的态度并能积极采取行动等。职场上的有些人思想僵化和顽固，适应新环境的能力差，不能有效应对不利事件与紧张局势，压力之下情绪反应过激，问题面前不能保持镇定和掌控局势，对结果的掌控力较弱，对目标达成持有较悲观的态度。

ABCD情商发展系统

"情感智能就是智能化地管理情绪感受及其所引发的行为模式的能力"，该定义表明了情商的发展既不是简单的情绪管理，也不是纯粹的行为模式训练，而是要遵行从情感到行为、从行为到认知的由内到外、内外结合的发展路径。经过多年的研究和实践，笔者创立了ABCD情商发展系统，如图0-4所示。此发展系统让情商能力的提升变得简单易行。

A——意识情绪感受（Awareness of Emotions）。人们在刺激面前首先产生的是情绪感受，而情绪感受是重要的数据信息。意识情绪感受是指，人们要在第一时间觉察到自己处于怎样的情绪状态，意识到如果不对其进行管理可能会做出怎样的行为反应以及会带来怎样的后果，还要理解自己为什么会有这样的情绪感受及其产生的原因是什么，最后决定是否要对自己的情绪感受进行管理。这个觉察、意识、理解和管理的过程，就是对情绪信息进行收集、整理、分析和应用的过程。

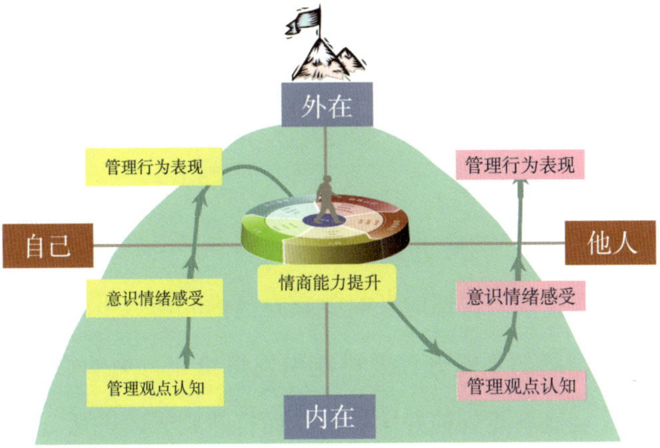

图0-4 ABCD情商能力发展系统

B——管理行为表现（Behavior）。管理行为表现是指，人们在情绪状态比较稳定后，理性思考怎样的行为表现是最恰当有效的，是实现"你好，我好，事情办好"的最佳选择，是对绩效结果的达成与保持健康愉悦的身心状态的最佳方式。

C——管理观点认知（Cognition）。管理情感背后的观点认知，即管理引发情绪感受的内心信念系统，也就是管理对人对事的看法、信念、需求、动机等。如果是因为认知障碍造成了情感模式和行为模式的问题，那么改变认知是根本；但改变认知并不是改变情感和行为的先决条件，很多认知的改变是在不断看到行为改变所带来的结果后逐渐产生的。所以，无论是由内到外还是由外到内的认知改变，都有提升认知能力的有效路径。

D——情商能力提升（Development）。要在不同的场景下面对不同的问题和挑战并实现上述三个方面的提升，需要发展相应的情商能力。EQ-i2.0的五大母维度和15个子维度对于如何提升这些能力给出了明确的指导意见。

举一个例子：有一位不受欢迎的职场人士，同事们都认为他很不通情达理，表现之一就是他的倾听能力较差，在互动时总是打断别人的讲话，而且总是武断地做决定。显然这不是一个简单的沟通技能问题，更多地属于情商能力问题的范畴。那么，根据ABCD情商发展策略，他的情商能力该如何提升呢？

A——意识到自己的情绪感受。

首先，他要在别人讲话时及时觉察自己内心所产生的厌烦情绪，及时识别对这种情绪的不断升温及可能引发情绪化行为的临界点；其次，他要意识到一旦他不能管控好厌烦情绪而打断别人的讲话，对方的感受一定不好，双方就有可能引发争执。接下来，他要理解自己为什么会心生厌烦情绪，并要听到内心深处"这个人说的都是废话""这个人太自以为是了""他讲得毫无道理"之类评判的声音，同时理解就是这样的主观评判和认知引发了他烦躁和抵触的情绪感受。

B——管理自己的行为表现。

此时，如果他不想引发争执，那么他能做的是深呼吸，或者喝口水，让自己的心情平静下来。心情平静下来以后，他要观察自己的坐姿、眼神、表情是否在传递焦躁、不耐烦、不认同、心不在焉等负面情感信息，怎样的行为表现会让对方感受到尊重、理解和接纳。他还可通过身体后倾、点头、回应、澄清、总结、观点认同等肢体或语言方式传递自己正在听的信息，让对方感受到他不仅在认真倾听，而且明白了其想要表达的意思。在了解对方的基础上，他还需要坦诚地表达自己的观点。如果他的观点与对方一致，他就要表达对他人的认可。如果他的观点与对方不一致，他就要以不冒犯对方的方式表达自己的观点，并能够在尊重双方不同观点的基础上找到问题的解决方案。

C——管理自己的观点认知。

主观认知不是客观真理，通常具有片面性和局限性的特点。一个人能够把主观认知和客观真理区分开来就已经达到了一定的智慧水平。此时，如果他能放下个人的主观评判，对他人的观点保持开放度，尝试了解他人观点背后的需求，他的思维模式就会发生改变，情感和行为模式也会随之改变。

D——提升相应的情商能力。

如果这位职场人士能够做到前面的ABC三个步骤，他就向同事传递了"我对你的观点很关注，我在尝试理解你"的正面情感信息，会引发对方产生积极情感，将为双方开展积极的、有建设性的谈话奠定基础。而要实现这样的转变，这位职场人士需要培养相应的情商能力，这些能力都包括在前文所谈到的自我认识、自我表达、人际、决策、压力管理等EQ-i2.0情商模型中。例如，识别并调整自己的情绪感受属于自我认识里的"对情绪的自我意识"范畴；点头、回应、澄清、认同属于人际里的"人际关系""同理心"范畴；充分表达自我属于自我表达的情商范畴；在双方观点不一致的情况下找到解决问题的办法属于决策里的"解决问题""事实辨别""冲动控制"范畴和压力管理里的"灵活性""乐观"等范畴。

情商能力的提升最终要体现在行为超越这个阶段，也就是在行为层面的改变。而要实现行为超越，我们需要进行两个步骤的训练。第一个步骤，追本溯源，通过追溯引发外在行为的驱动力来揭示内在的情绪感受。要改变行为模式，我们就要先意识到自己的情感模式，通过调整情绪感受，让自己处于情绪稳定可控的状态。第二个步骤，有意识地训练新的、高情商的行为模式。

要打开通往"绩效"和"康乐"的大门，仅有意识和方法论还是不够的，我们还需要发自内心的动力，这种动力不仅仅是理智上的理解和认可，更是用心的感知。当人们对某种状态产生渴望和追求时，动力才会从理性转移到情感，从头脑转移到内心。我们要学会运用想象力和感知力，让自己融入"真实"的情景中并去面对它、体验它、感知它。行为改变认知，认知改变情感，情感改变行为，情商能力的提升是内外结合、内外兼修的过程。当发自内心地产生要带来某种积极结果以及要避免某种消极后果的强烈欲望时，生活就会产生永久改变。

本书后面的章节内容都是基于EQ-i2.0模型中15项情商能力而展开的，对每项情商能力不同的情感特点、思维特点、行为特点，对工作的影响，以及具体的发展策略，都进行了较详细的分析、阐述和说明。

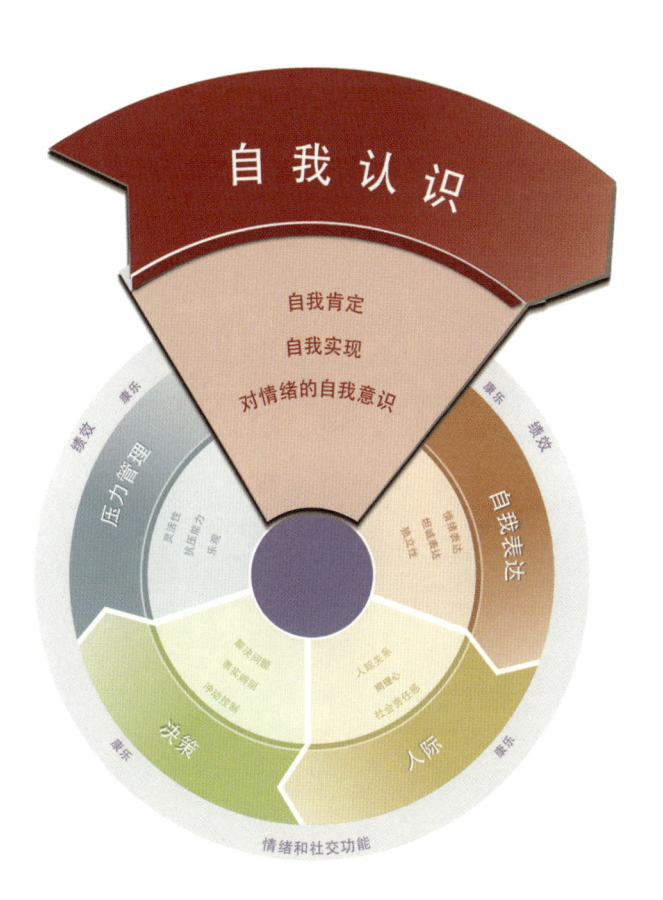

第一部分

自我认识

自我认识

- 自我肯定
- 自我实现
- 对情绪的自我意识

压力管理 / 自我表达 / 决策 / 人际

情绪和社交功能

第一章
自我肯定

案例：林江为什么越来越自卑了

　　林江是在国内某企业内部快速成长起来的业务开发部门经理。公司为了加速发展，从行业领先的跨国公司花重金挖过来一些精兵强将，希望在知识和经验方面能直接借鉴内化，加速团队的成长。很快，林江发现自己很难驾驭这支"高大上"的队伍——这些人思维非常活跃，开会时所提出的问题非常尖锐，很多思路是林江之前从未想过的。林江还感觉到这些人言谈举止的背后透露着职场精英的那份傲娇。这些新人的姿态和优势令林江开始怀疑自己是否有足够的能力来管理这支队伍，因为在这些人面前自己的那点见识和经验显得那么低端且没有价值。作为团队主管，他背负着工作业绩和团队管理的双重压力，并且他对在这两个方面取得进展也没有太大的信心。林江开始认为领导让自己带领这个团队是一个错误的决定，他越来越在意自己说的话是否足够权威，员工是否真心接受其安排的任务，员工在背地里会如何评论自己，等等。这些顾虑让林江变得越来越敏感，越来越抑郁，很难将精力集中在业务开拓上。

林江是自我肯定情商能力较低的典型代表，精英同事的优秀表现在逐渐瓦解着他的自信。人们在自我感觉不好时就会产生自卑感，就会害怕出错，害怕丢脸，害怕被他人耻笑，就会变得越来越敏感。你也许会认为，林江完全可以相信自己拥有精英团队所不具备的独特优势，他要充分发挥自己的优势，而不是拿自己的短处与别人的长处比较。但是，对于自我肯定情商能力偏低的人来说，他们活在他人所制定的评价标准里，并且渴求得到他人的认可，这无异于自寻烦恼。

第一节　自我肯定就是在情感上接纳自己

自我肯定这项情商能力，简单地解释就是"自我感觉良好"。这种良好的自我感觉是一种超脱于他人的尊重及认可，不依赖于他人评价以获得情感依托，是对个人能力、价值、意义的充分自我接纳。自我肯定会带来自信，自信是一种态度，是一种内在从容的感觉——感觉自己有价值、有力量、有能力、有位置、有用处和必不可少。自我肯定如同建造大厦，根基越牢固，大厦就可以建得越高。对个人成长而言，自我肯定就是这座大厦的根基，因为自我成长的道路是艰难曲折的，是需要勇气、力量、信心做支撑的，是需要自我主导、自我修正和自我修复的。这些行为背后的驱动力都是自我内在力量的体现。

自我肯定就是接纳和尊重真实的自己

首先，一个人的价值并不取决于他是否成功，因为有很多事业有成的人仍然有很强的自卑感，基于成功的自我尊重其实是一种"伪自尊"。

自我价值感也并不取决于一个人的相貌、才华、声望或财富，因为这些都是身外之物。同样，他人的赞美、关爱、友情也不能增加你的自我价值，有的人生活在充满爱的环境里却并不自爱。归根结底，你的自我价值感在很大程度上决定了你的感受。既然"尊重"这个词的字面意思是指欣赏有价值的事物和人，那为什么人们在惊叹于星星、月亮、海洋、花朵和夕阳给我们带来价值的同时，不能够接纳自我价值呢？因为真正的接纳并非源于你做了什么大事、拥有什么东西、取得了什么成绩，而是源于你对自我存在的一种欣赏。

"我"不是静止的，而是动态的、活跃的，它永远不会完整无缺，永远无法到达终点，始终处在一种发展状态。很多人拒绝甚至"憎恨"自我，因为他们觉得自己太不完美，他们想创造一个虚幻的、已趋完美的理想自我来取代真实的自我，这是不健康的心态。你要学会接受现在的你、真实的你、不完美的你，从情感上接纳自身能力的缺憾、智力的不足、相貌的平庸等等，不要因为你不完美就贬低自己。你的周围同样生活着众多不完美的同伴，但他们能够带着自己的不足非常自信地工作和生活。他们会把自己看成一条河流而非一座雕像，面对自己的不完美不会用负面标签来定义自己；他们也没有活在他人衡量成功的标尺里，他们有目标、有方向地编织着自己的工作和生活。

自我肯定可以提升情感免疫力

许多人很容易受到所谓的"社交中的怠慢行为"的打击，这些"怠慢行为"会令他们感觉很受伤。家庭中、办公室里或朋友圈中，都有这种人，他们非常敏感，以至别人必须时刻保持警惕，以免无意中说出什么或做出什么冒犯了他们。最容易因别人无心的言行而生气的人，其自尊心最脆弱，这是心理学上一个众所周知的事实。自我肯定的人对某些空想中的情感攻击或许并不在意，但这些虚构的攻击却能将自尊心脆弱的人折磨得心力交瘁。有些人打心眼里怀疑自己的价值，其内心深处有一种不安全感，总是无中生有地感到自尊心受到威胁，倾向于夸大或高估现实威胁的破坏力。

当然，还有人持有受害者心态——把自己的整个命运都托付给其他人、环境、运气，认为别人应该给他们以体贴、欣赏、爱和幸福。他们没有勇气对自己的行为和决策负责，却经常会对别人提出一些不合理的要求。一旦这些要求得不到满足，他们就会觉得受到了伤害。持有受害者心态的人经常追求一种可望而不可即的东西，抱有一种天真的、逃避责任的生活态度。将自己赤裸裸地"暴露于感情伤害的攻击之下"的同时，这类人自身不具备任何可进行自我修复的情感免疫力。

每个人都需要提升情感免疫力，需要某种情感上的韧性和自尊心上的安全措施，来保护自己免受真正的以及想象中的威胁。人的身体有一层外壳，有一层表皮，它们的作用就是保护人免遭细菌、小肿块、伤痕以及其他外伤等侵蚀。然而，很多人内心的"自我"没有"表皮"，而只有敏感的内层皮肤，被细小的针尖刺一下，他们就会有强烈的反应——感觉很痛。这些人需要更厚的表皮、更坚强的情感，以便打造自愈能力，从而可以忽略无关紧要的伤口。当一个人拥有恰当的自尊心时，一点点的小冒犯根本不会对他构成威胁，而会被他置之不理、视而不见。有时，即便情感上遭受了重创，他们也会恢复得更快、更彻底，而不会使伤口"化脓"。他们的内心足够强大，以至他们能够通过自身的修复能力来提升情感上的自我免疫力。

第二节　自卑感产生的原因

自我肯定情商能力低的人最突出的感受就是自卑，他们通常在情感上不愿意接纳真实的自己。相比较自身优势，他们更多地关注自身缺点。他们身上随时携带两个镜头：一个是放大镜，用于放大自身的错误，甚至认为有些错误是致命的；另一个是缩小镜，用于缩小自身的优点，认为这些优点微不足道，毫无价值。这种过度放大不完美的行为，就如同一滴墨水染黑了一整杯水，具有整体否定的性质。当事情进展顺利（如顺利签了一单）时，自我价值感低的人感觉这根本不算什么，认为自己只是做了应该做的分内之事；当他们帮助了别人，别人对他们表示感激时，他们也会认为这根本不算什么；当有人赞美他们的外表或出色的表现时，他们内心的独白是"这只是别人表示友好的方式而已，我其实并没有做得那么好"，瞬间将别人的赞美化解于无形。其实，任何一个人如果总是给自己泼冷水，那么他的自信心最终一定会被摧毁。

职场中，很大比例的人群在某种程度上让自卑牵绊了自己的人生，这种自卑感成了他们获得成功和幸福的严重障碍。自卑感与其说源于事实和经历，不如说源于人们对事实所下的结论和对经历的评判。自卑感的产生主要有以下四个方面的原因。

不以自身标准衡量自己，而是拿别人的标准来对号入座

有些人认为自己应当达到别人所设定的标准，当达不到该标准时，他们便会觉得痛苦，并认定是自身出了问题。就像案例中的林江一样，他把那些精英人士所拥有的知识和外企经历作为评价自己的标准，认为只有那样才算成功。因为林江达不到这个标准，所以他就认为自己没有

能力，没有价值。循着这种荒谬的推理逻辑，他自然就会得出以下结论："我没有资格成为他们的领导""他们一定会嘲笑我""我不配与他们为伍"。因为用别人的标准评价自己，所以具有自卑情结的人很容易得出"我不如别人"的结论。为了让自己配得上别人，自卑的人的自救良方就是使自己变得和别人一样好，甚至比别人还要好。这种追求卓越的心理会给他们带来更多苦恼。不同人的评价标准不同，一个人不可能满足所有人的标准或者说人无完人，因此他们越是拿别人的标准来对号入座，他们就会越痛苦。

将现实的自己与想象中理想、完美或纯粹的"自我"比较

按照绝对标准来看待自己，你就会诱发内心情感上的不安全感——认为自己应该更好、更成功、更幸福、更有能力等。虽然绝对标准有其价值和意义，但是我们应该将其视为要实现的目标、通过努力奋斗能取得的成绩，而不是将其看成"应该有的标准"。同时，当一个人内心充满不安全感时，他会用一意孤行甚至言过其实或咄咄逼人的行为来隐藏自己的不安全感，从而易与他人形成对立甚至对抗的关系。这种关系反过来又会让他感觉备受打击，从此不安全感便会演化成对失败的恐惧，对待他人的态度便具有了好斗性或攻击性。这就是有自卑情结的人会表现得具有攻击性和对抗性的原因所在。

把"行为"与"自我"混为一谈

健康的自我肯定是接纳真实的自我，而真实的自我有优点也有缺点，我们要勇于承认自己的缺点，并愿意讨论和改正自己的缺点。有自卑感

的人对自己的缺点和不足非常敏感，他们错误地把"自己"和"自己的错误"混为一谈，认为犯了错误就是自己有问题的铁证。所以我们如果和他们谈论他们所犯的错误，就相当于在他们的伤口上撒盐。你也许犯过错误，但这并不表示你就是一个错误；你也许不能恰当而充分地展现自己，但这并不表示你"一无是处"。人类所能犯的最大的错误就是，把"行为"和"自我"混为一谈，错误地得出"由于做了某件错事，就以为自己无能，就以为会被人看不起，从而给自己贴上了永久的负面标签"这样的结论。最后的结果是，别人早就已经忘记了你所犯的错误，但是你一直在用所犯的错误惩罚自己，一直生活在自己编织的情感牢笼里。

内心关于"我"的信念

刘先生是某跨国公司的一位资深人士，各方面条件都很好，但他心里一直有一个结，就是自己没有一副让他人印象深刻的外表——"看上去不像个成功人士"。他一直被这种错误的自我认识暗示和催眠着。这一信念在他内心藏得很深，以至每次当他站到一群人面前开始讲话时，这个信念就像"绊脚石"一样阻碍着他。其实，听众根本并不在意他的外表，大家更在意的是他讲话的内容以及他能否自信地传递内容。自我暗示的力量就是信念的力量，是情感的源泉。每个人都有关于"我"的看法，这些看法大多数都是根据个体过去的经历（尤其是童年时代的早期经历）、成败、荣辱以及别人的反应而无意识地形成的。

有的人只要把一些事情办砸了，就认为自己什么事情都办不好，强化了"我什么都不是"的负面自我形象；有些人只要在一些方面的能力达不到领导要求，就认为自己没有任何才能，强化了"别人总是瞧不起我"的负面自我形象。这些自我形象一旦形成，就会在潜意识里操纵着你——你能做哪些事，不能做哪些事，哪些事对你来说很难，哪些事对你来说很容易。结果，个体的经历似乎总是证明并加深着这些自我形象，从而造成恶性循环。

第三节　自我肯定情商能力对工作的影响

情商能力低的影响

自我肯定情商能力低会在工作中影响个人才能的展现和发挥，因为他们担心自己表现得不够令人满意，在风险和挑战面前可能会退缩不前，也没有勇气影响他人。他们试图避免与人当面互动，更多地使用电子邮件等非当面沟通的方式，以免让人察觉其表现不佳而给人留下糟糕的印象。在表达自我时，他们的语气通常不够坚定，肢体语言缺乏张力，而且他们会避免眼神交流。自我肯定情商能力低的人的另一个表现就是，如果出现了问题，那么他们会将错误归因于自己。他们认为，是因为他们自身的原因而导致了问题的出现，即使这件事可能与他们毫不相关。他们努力工作的主要目的是，让他人满意，得到他人的认可，而努力中出现的错误归因又会让他们感到极其内疚和负重。所以一般而言，自我肯定情商能力低的人的心理压力会比较大。

情商能力高的影响

自我肯定情商能力高的人的外在表现是开放坦诚，能够实事求是地评价自己、面对自己，也就是有自知之明。一个在情感上接纳真实自我的人，在肢体语言、面部表情、语音语调等方面都会传递出自信和力量。他们在工作中会主动发挥自己的才能，展现自我价值，同时也能够客观地面对自己的不足，而不试图对其进行遮掩。他们因了解自身的局限和长处而不避讳讨论这些话题，并且往往欢迎建设性的批评意见；他们因为自信而敢于自嘲，能够坦言自己的失败而面带微笑；他们因为对自己的能力了然于心，不大可能贸然接受超出自己能力限度的任务；他们知道何时应该寻求帮助，也懂得如何管理工作中的风险。这种对自我能力的确信和与人互动时所展现出来的信心，会给他人和团队带来积极的影响。他人会视这类人为有能力、值得信赖、能够独立完成工作的伙伴，愿意与其建立真实可靠的人际关系。

当然，自我肯定情商能力过高也是有风险的。有的人会盲目地夸大自我能力，例如，无端地自我感觉良好，认为自己很了不起，认为别人都不如自己。所谓盲目夸大，是指他们在现实中的表现与自认为所具备的能力是不一致的，他们自认为具备的能力在现实中得不到事实的印证。这种高得不切实际的自我认可度，这种好得离谱的自我感觉，会影响到自我长期的发展以及与他人建立良好的人际关系。

第四节　自我肯定情商能力发展策略

体验正面的情绪感受

自我肯定情商能力低的人会用放大镜放大自身的不足，用缩小镜缩小自身的优点，所以在工作和生活中，他们更多地会体现到焦虑、忧郁、担心等负面感受。当一个人大部分时间的情绪感受是消极负面时，他的心理压力和负担就会越来越重，他的心理、身体等能量损耗就会越来越大。提升自我肯定情商能力可以从转换情感能量入手，即把自己曾认为微不足道的优点、曾认为是应该做的根本不算什么的分内的事情、曾得到他人认可和赞美的事情罗列出来，与通常给自己泼冷水的方式相反，用有形的方式接纳这些事情，肯定这些事情。例如，送给自己一张卡片，上面写下你对自己的认可；在他人给予正面反馈时，大方接受并表示感谢；送给自己一个礼物，弥补之前对自己优点的忽略；在遇到问题停滞不前时，用语言表达出自己的心声，告诉别人自己下一次在某些方面一定会有所进步，从而提升自己的信心。通过这些方式，你就会体验到更多的满足、欣赏、接纳、赞美、自信、希望等积极正向的情感，你的自我感觉也会越来越好。

识别才干，培养优势

自我肯定是肯定自我的存在，能够为他人、为社会带来意义和价值，因此提升自我肯定情商能力便要努力培养自己的优势，最大限度地发挥自己的价值。优势是才干、知识、技能三个方面的有机结合。要想建立优势，你首先必须具备某种才干。才干是与生俱来的，知识和技能是在实践中可以学会的，这三者合在一起就构成了你的优势。虽然三者作为原料对建立优势都十分重要，但其中最重要的是先天的才干。因此，建立真正意义上的优势的关键在于，识别你的核心才干，然后依靠知识和技能的加持使之精益求精。

对优势的检验标准在于，你能否持久地把一件事做得几近完美。例如，能够与陌生人建立关系是一种才干，而善于建立一个较亲密的社会关系网是一种优势。为了建立这种优势，你需要用社交技能和知识完善你的才干。同样，情境销售是一种优势，为了说服别人购买你的产品，你必须将你的才干与产品知识和某些销售技巧相结合。才干是一种天生的能力或悟性。你天生好奇，是一种才干；你好胜，是一种才干；你有魅力，是一种才干；做事持之以恒，是一种才干；责任心强，是一种才干。任何贯穿始终的思维、感觉和行为模式，如果能产生效益，就是一种才干。由于种种限制，虽然才干在你身上，你却听不到它的呼唤。在生活的进程中，直到某个事件将你的某种才干点燃，你才会突然意识到你居然拥有此种才干。识别才干的三个线索分别是渴望、学得快、满足。渴望揭示了才干的存在，特别是年幼时就感觉到的渴望。如果学一种新技能特别快，这就充分说明你具有某种强大的才干。在你完成一些事情后，你的内心感受到了更加强烈的满足感，这也说明你在从事此类事情方面具备才干。

培养优势并不等于无视你的弱点，相反，每个人都需要采取较为有效的方式去设法控制弱点及其带来的制约。你要知道自己在哪些知识和技能上存在差距，需要更新，同时要克服井底之蛙式的偏见。某些有才干的人创造不出成绩的主要原因是，没有掌握足够的知识，或对自己专业领域外的知识不屑一顾。例如，一流的工程师往往不在意人际关系，而且对建立关系非常不屑，因而他们的才干最终在达成结果的过程中受到弱点的制约而不能形成优势。

将评判性语言转换成描述性语言

无价值感源于内心的自我批评，它是一种自己贬低自己的声音，例如"我样样不如人""我没有一点儿优点""大家都在嘲笑我"。这些评判性的声音会将绝望和自卑感深深植入你的内心并让它们不断生长。这些都是以偏概全、乱贴标签的贬低自我的行为。这些乱贴的标签都有其局限性，都太大而化之而有失准确性，例如"一无是处""低人一等"等抽象标签就没有任何积极的意义。

你要识别出自己在什么样的场合容易产生贬低自我的念头，然后客观地描述自己的不足。例如，"我样样不如人"就是评判性语言，因此你要做的就是思考自己具体在哪些方面不如别人，然后描述客观现实。经过分析，你的描述可能是"在公众演讲方面我不如别人"，或者更具体的描述是"讲述故事的能力我不如别人"，这说明公众演讲现在不是你的优势。如果公众演讲是你工作中很重要的一个组成部分，你接下来可以做的就是通过不断的演练来提升自己讲故事的技能，并且要清楚无论你讲故事的能力进步得有多大，可能都比不过天生就会讲故事的人。对此，你要坦然面对，并继续努力。

重塑"自我心像"

每个人的内心都有一幅关于自我的"心像"，这个"心像"是潜意识里对"我是什么样的人"的自我执念。人的潜意识就像是一个电脑系统——你的内心有一个"显示屏"，自我"心像"就是"显示屏"上显示的自我画面。人外在的所有行为、情感、举止、才能与内心"显示屏"上显示的自己是一致的。也就是说，每一个人在内心把自己想象成什么样的人，外在就会具备这种人的行为方式。如果你在内心"显示屏"上看到一个垂头丧气、难当大任的自己，听到的是"我没有能力""我长相很丑""我没有学历""别人瞧不起我"之类的负面独白，那么现实中的你感受更多的一定是沮丧、自卑、无奈与无能等消极情感。相反，如果你在内心"显示屏"上见到的是一个昂首挺胸、不断进取、敢于接受挫折和承受较大压力的自我，听到的是"我做得很好""我才华出众""我很有领导力"等正面独白，那么现实中的你感受更多的一定是喜悦、希望、欣喜、自信等积极情感。

要提升自我肯定情商能力，重塑自我"心像"是关键。在这幅重新塑造的"心像"中，你成了你期望成为的那种人，具备了你想拥有的品格，在内心"显示屏"上你看到了自己与朋友、家人、同事和其他人以某种和谐的、有效的方式互动，看到了你在向往的工作状态或工作环境中工作，看到了你拥有了一直希望培养的个人兴趣和爱好，并感受着这些兴趣和爱好给自己和他人带来的快乐。为了强化这幅"心像"在现实中的启示意义，你可以把它画出来，或者把有类似寓意的图画贴在自己经常可以看到的地方，以强化你的潜在意识。例如，有人将电脑屏幕的画面设置成一幅卡通的超人形象，画面中的人昂首挺胸，在空中张开双臂飞翔，子弹射到他身上原方向弹回……那么在现实中，当他遇到不公正的批评、"阴险"的评论或者其他有针对性的攻击时，这幅画就会在他潜意识里浮现出来，能够激励和帮助他提升自身的情感免疫力。

积极的心理暗示

心理暗示其实就是一个正面的宣言，它正面表达了你相信某事是真的或预想它能成真。最有效的自我肯定是基于你的自我"心像"、你想做的事、你想拥有的东西而自己思考出来的。拿前文谈到的将卡通超人形象设置成电脑屏幕的人为例，当此人遭遇他人批评时，他的心理暗示可能是"我是一个超人""我能够抵挡各种子弹"。当重复着这样的自我肯定时，他便能建立起所需要的内在信心和决心，进而克服种种困难。如果你想控制好自己的情绪，减少冲动性的行为，那么你的心理暗示可能是"我是一个沉得住气的人，在任何情况下我都能保持冷静"。如果你想提升人际关系，那么你的心理暗示可能是"工作中遇到的每一个人都值得我尊重"。心理暗示可以作为正面材料，用以搭建你心灵中的正面态度。人的思想如同一台高效的电脑，如果你给它建设性的、充满自信的指令，那么它便会提供正面的激励，产生富有成效的行动。

具象化

可以与心理暗示同步进行的另一种提升自我的方法就是具象化。在付诸实践之前，首先在头脑中构思事情发生的过程和结果，这一"成像"行为能刺激你的思维和身体，使你形成一种积极的信念和积极的情感——"成功机制"。例如，你要参加一个重要的面试，在为面试的内容做了充分的准备工作之后，你就可以运用具象化方法在头脑中将面试的过程"成像"，也就是把面试官可能要提的问题、你的回答、你的神态语调等先在头脑中进行"彩排"。也许在现实的面试中，你头脑中彩排的问题一个也没有被问到。面对此种情形，你也无须担心，因为具象化会给你信心，能够帮助你即兴发挥，让你在面试中自发地做出最有效的反应。

从生理学的角度来分析，具象化之所以会对你的行为产生积极的影响，是因为你的神经系统并不能辨识出想象的经历和"真实"经历之间有何区别。通过有意识的练习，你会发现具象化能帮助你将注意力聚焦在目标上。当你通过具象化在内心"显示屏"上看到了自己的表现，体验到了身临其境的感觉，找到了达成目标的正确途径以及达成目标所需要的知识和技能时，现实中的你就会提高专注度并直接向你所选择的目标前进，而不会因为外在的环境或干扰偏离轨道。具象化也能产生强烈的紧迫感，让动力保持在炽热的状态，让拖延、惰性和犹豫不决一并消失。

寻求他人反馈

有些人之所以不敢寻求他人的反馈，是因为他们没有勇气面对他人的批评，担心自己会受到伤害。事实上，使你产生情绪反应的不是别人说了什么，而是你想了什么。在困扰你的想法中，不可避免地会存在以偏概全、非此即彼、乱贴标签等问题。如果他人实事求是地对你做出批评或者对你做出负面评价，那么你其实没必要烦恼，因为没有人是完美的，你只要承认错误并想办法改正，同时培养接受残酷事实的勇气就好了。如果你觉得对方的话失之偏颇，那么你也没必要烦恼，因为你的自我价值感和幸福感并不来源于他人的认同，你不需要通过取悦他人来体现自己的价值。

寻求反馈是为了更好地认识自己、提升自己，所以你不要纠缠于对方说的是对还是错，而要了解反馈背后的原因和真相；你也不要采用"攻击-防守"型的谈话模式，而要通过提问题的方式来澄清自己的哪些做法让对方不能接受。挖掘到的点越具体越详细越好，这样你才能真正地认识自我，发展自我。情绪波动是难免的，没有人在听到他人的指责或批评时会无动于衷，但你要稳定自己的情绪，不要被对方的语言激怒。你还要引导谈话，不断问具体的问题，使谈话聚焦在具体需要解决的问题上，让双方用解决问题的态度来代替谴责和争执。

尽快取得一点成功

职场人士经常被问到的一句话是"什么带来成功？"。经典的回答是"成功带来成功！"，因为成功会带来信心，会让情感能量进入积极正向的轨道，积极情感能量的不断积蓄和释放会带来更大的成功。要学会运用"成功带来成功"这个原理，在面对困难、挑战或艰巨的任务时，你就要将它们分解成众多的任务单元。为了培养自信心，你可以先从简单易行的任务入手，或从自己比较有把握的方面入手，设法尽快取得一点成功，然后初步积累成功的经验。这时，你的大脑系统会记住你成功的体验和其中的感受，遵循趋利避害的原则，从而驱使你尝试并强化能持续带来成功的行为，同时不断夯实你的自我成就感和价值感。

第二章
自我实现

案例：于琼为什么能顺利实现职场飞跃

于琼是一家金融企业的前台。虽然前台事务繁杂，但她丝毫没有年轻人的浮躁，总是很有耐心。该金融企业的员工大都是来自国际名牌大学的精英人士，而于琼只是一名大专生。与这些优秀的人共事，于琼不仅没有表现出自卑心理，而且把这些高学历的同事当成了帮助自己提升的资源。她正在修本科课程，像高等数学这样艰涩的内容，随便一位同事都能做她的老师。因为于琼抱有认真工作和虚心学习的态度，所以大家都愿意帮助她，也非常信任她。在公司每年的年会上，于琼也成了最忙的大红人，不少部门排节目都会邀她客串角色，她也乐此不疲。有人问她，你每天要处理那么多杂七杂八的事情，烦吗？她莞尔一笑，说这些事总要有人做，她很乐意帮助大家。于琼在前台这个岗位上一干就是五年，本科文凭早已顺利拿到。公司一位副总裁离职去创业，力邀于琼加入，并高薪聘用她担任行政部经理。于琼顺理成章地完成了人生第一次职业飞跃。

于琼是自我肯定情商能力较高的典范。她对个人的优势和不足有着充分的认识。尽管与同事们相比，自己在学历上有较大的劣势，但她并没有因此否定自己，而是发挥踏实、肯干、任劳任怨的工作优势，从而赢得了同事们的认可。同时，她也坦然面对自己的不足，在自修本科学历的过程中，勇于承认在高等数学方面的短板，积极向同事们寻求帮助。她的表现令同事们不仅不会因为她学历低而鄙视她，相反会让同事们因为她的自尊和自强而尊重她。

于琼同时也是自我实现情商能力较高的典范，她并没有因为学历低而自我放弃，而是一直在追求更高的职业发展目标。她的目光并没有局限在当下，而是在做好当下之余持续学习和充电，不断开发拓展自己的知识和能力，为明天做好准备，并且对未来充满信心和希望。她的工作状态是投入的、有热情的、有张力的、有意义的。

第一节　情感所向才是内驱力的来源

自我实现的情商主要表现在追求意义、自我提升方面。自我实现情商能力高的人最突出的特点包括：工作投入感情，全力以赴；不满足于当下，有目标、有追求；感觉工作有意义，生活充实。

那么，为什么自我实现属于情商能力呢？情感的英文是emotion，拉丁文是emovare；内驱力的英文是motivation，拉丁文是movare。emotion和motivation的拉丁文词根都是movare，而拉丁字母e具有移动的意思。这就意味着，只有当一个人的内心不断追求、渴望自我提升时，行动上才会表现出不断向前、不断攀登的驱动力，情感所向才会成为行为驱动力的来源。

自我实现不是追求外在成功

每个人都具有无限的潜能，但并不是每个人都能取得巨大的成功。也许很多人一开始也对未来充满了憧憬，渴望过"有意义的人生"，但在生活中遇到的某些事情会让他们的情感失去方向和寄托，以至他们倾听不到自己的心声，容易"被他人、被社会肯定"的欲望牵制，盲目地遵循世俗的标准，因此丰厚的薪水、显赫的头衔或名企工作的经历等外在因素成了他们工作的驱动力。他们随波逐流，唯恐和别人不一样，内心慢慢变得暗淡无光，忙忙碌碌却感觉茫然和困惑，成就感很低。他们或许取得了一些成功，却失去了真正的自我。当人们用外在的成就定义自己并以此作为自己的目标时，外界环境就会起到决定性的作用。从这种外部环境驱动论的角度来看，人生是脆弱的、易受攻击的。

追求自我实现的人具有对生命意义、自身价值和人生目标的不懈追求的内驱力，会为了追求有意义的目标和更丰富的生活而持之以恒地不断完善自己和激励自我。他们不喜欢停留在舒适区，为了努力实现个人潜能和对长期目标的承诺，他们热衷于投身愉快且有意义的活动中，并愿意付出一生的努力。自我实现是一个持续的、动态的过程，其目的是最大化地发掘个人能力与才干，坚持做最好的自己。他们所表现出来的行为特征是对有意义的、丰富的、充实的生命价值的不懈追求，这意味着他们要付出终生的努力、持续的热情和对长期目标的承诺。自我实现与自我满足、幸福感是相关联的，追求自我实现的人享受在追求目标的过程中所接受的历练与成长。

自我实现不是追求"佛系"

如今在青年人群体中流行的"佛系",尽管与真正意义的佛性修炼完全不同,但也能反映现代人逃避现实、逃避自我,用一切随缘、不苛求、得过且过的生活态度来遮掩自己的真实渴望,以及在生活境遇不尽如人意时表现出的无所谓和不走心的姿态。"佛系"的根本是逃避倾听自己内心声音、逃避残酷竞争现实的一种自我麻痹的生活方式。这种"佛系"的态度其实是内心空虚的表现。空虚是一种征兆,表示一个人生活没有创造性,做一天和尚撞一天钟,总在原地打转,被各种鸡毛蒜皮的事情将自己的精力消耗殆尽,感觉生活无聊乏味。空虚的原因可能是没有足够重要的目标,也可能是人们在努力追求某个重要目标时没有施展自己的才华,没有竭尽全力。空虚的情绪是一种逃避努力、工作和责任感的心态,它会变成不好好工作的借口和理由。

自我实现是追求"心中的光"

20世纪50年代,美国心理学家亚伯拉罕·马斯洛说,平凡的人通常对自己是谁、想要得到什么、个人的信念是什么等没有深入思考,追求自我实现的人对自己的特点、追求、思想和对事物的主观反应有着更高层次的意识。[1] 马斯洛的"需求层次理论"首创性地提出,动机是人类要达到某种目标或者维持某种内在稳定性的一种本能或内在趋向,揭示了人内心情感世界的运行机制,即内在动机影响人们看待事物的观点和认知,影响人们面对压力挑战时的情感体验,最终体现为人们面临压力时

---

[1] 亚伯拉罕·马斯洛.马斯洛人本哲学[M].唐译,译.长春:吉林出版集团,2013.

所产生的不同的行为反应。

与那些用外在的成就定义自己、从外部环境驱动论的角度来看人生的人不同,追求自我实现的人是在追求"心中的光"。他们知道自己是谁,清楚自己存在的意义和价值;他们能清晰地意识到心中"光"的存在,而且知道什么可以使这束光更加明亮。每一个人都是一座能量工厂,真正释放能量的动力来自个体内部。所有人都被强大的内部力量驱动着去采取行动,这种力量是行动的基础。虽然行动也需要一些外部因素来激发,但没有哪种外部因素能单独成为动力的源泉。从组织心理学的角度来解析,激励是一个"需求—行为—结果"的连锁过程。对于追求自我实现的人而言,他们的内心对意义、成长、目标具有更多的渴望和需求。

一旦开启了自我实现之旅,人们就要从寻找心中最好的自己开始,并在这个寻求的过程中不时地思考下面几个重要的问题。

往哪里去

尼采说知道"为什么"的人可以忍受任何的"必须如何如何",意思是说,"为什么"能从情感层面解决动力源的问题,当有了动力源,路上的困难和挑战就会成为风景的一部分。每个人都有存在的价值,回答"往哪里去"的问题就是思考在生命中想实现什么、成就什么、怎样过一生才是最有意义的,以及如何最大化地展现自己的价值。每个人的价值取向不同,有人看重利,有人看重名,有人看重才华的充分施展,还有人各个方面都看重。在回答"往哪里去"的问题时,我们要站得高,看得远,厘清自己的价值取向,倾听自己的心声,把长处充分发挥在符合自己价值取向的事情上;然后再回归原点,问问自己在短期内如何投入到符合自己价值取向和愿景目标的事情上去,即具体应该做什么,应该如何去做。

如何平衡立意长远和立足脚下

平衡立意长远和立足脚下就是要平衡短期目标和长期目标的关系。立足脚下不是追求完美，不管是物质还是成就，你都要知道什么是足够好、足够多，否则你将永远陷于为自己打造的封闭的牢笼里，无从追求牢笼外的更美好的长期目标。你还要为"足够"设定恰当的标准，对超出"足够"范围的人或事说"不"，因为超出足够的分量是不必要的，甚至可能会适得其反。那些不知道什么是足够的人无法取得进步，无法探索新的世界，不能学习新的事物，只会在一个范围内成长。越早看出什么程度是足够的，你就会越早尝到丰足的滋味，也会越早获得时间和情感上的自由。当然，美好的未来不一定意味着更多更广更大，它可能是更精更简更深入，方向的选择是由个人对自己优势的理解而决定的。

对不朽的挑战

尽管生命有限，但你起码可以给身后留下一点东西，以证明自己影响了一个人或一些人。一旦想到可能在时间的刻度上留下难以磨灭的记号，你就会产生超越当下的远大志向，期望自己改变与成长。在你品尝崇高的滋味并使心灵得到洗礼时，崇高的感觉会告诉你有一种比自身更伟大的东西，以及人生拥有无限的可能。每个人的意义和价值最终体现在为社会所做的贡献：对许多人来说，孩子是他们最好的资产；对另一些人来说，最好的贡献是他们的工作成果，是他们所创建的企业。每个人在这个世界上留下的痕迹，是唯一可以确定的、不朽的形式，也是每个人最后找到自己真正身份的地方。

如何发挥内在领导力

内在领导力就是一个人把握自己人生的能力。其实，不管是处于事业的起步阶段，还是已是企业的中层管理者或总裁，每个人都是自己人生的领导者。不幸的是，很多人常常会把领导力视为一种外在的事物，没有给予其足够的重视。然而领导力不仅仅体现在人们做的某些事上，还来自人们心中的那束光，来自内心想要实现、想要追求、想要提高的一种使命和责任。大多数人只是让命运自然发生，然后承担后果。具有内在领导力的人是自己人生的领导者，他们能够决定自己想要的生活，即通过规划和行动去实现它。

第二节　在自我实现中体验积极的情感

追求自我实现需要接受负面情感的考验

在追求自我实现的过程中，"担忧"也许是你感受最强烈的情感。因为对行为、对结果不确定，所以你会表现出各种担忧。正是因为这些担忧，你的心中反而会放大那种可能出现的灾难性的画面。当这些画面不断地在你的脑海中浮现时，其他的负面情绪如恐惧、焦虑、沮丧等也会相应而生，所以你会经常饱受这些负面情感的煎熬。如果事态不发生转机，你就会深陷其中难以自拔，你还会质疑你内心的信念、所设定的目标及所采取的行动。

为了锻炼身体的肌肉，你必须经常施之于压力，让它承受超出正常范围的力量。每次锻炼之后，你要给身体几天的恢复时间，以便肌肉变得更加强壮。在追求目标与实现目标的过程中，情感肌肉在经受着同样的训练。在训练这些"肌肉"的过程中，你或许会因为感觉不适而想要退缩或放弃，但这些压力会积聚势能，它们是实现自我超越的必经之路。之后，你会发现，这些痛苦的经历都是最美风景的一部分，是它们造就了更美好的你、更有力量的你。

"光"的指引让负面情感产生积极的意义

要在追求自我实现的过程中体验到更多的积极情感，你必须设定清晰的愿景目标。愿景就像是航标、灯塔，指引着人们在实现目标的路途中克服一个又一个困难。愿景目标就是自己描绘出的希望成为的某种人或希望拥有的某些东西。当你心中看到希望实现的愿景画面时，这些画面能够唤起你对这些目标的深深渴望。当你看到了它们，它们就会变得越来越真实可信，你内心深处的情感就会与渴望和期待为伍。愿景实现的过程是一个不断自我超越的过程，这个过程一定会经历痛苦、焦虑、郁闷、沮丧等负面情感。在这个过程中，"光"的指引会让你积极面对这些艰难困苦，会让你在克服这些艰难困苦的过程中积蓄力量，会让你变得更坚定、更从容和更强大；同时，与这些力量对应的情绪如热情、快乐、鼓舞和幸福等也能自动产生。

快乐是一种体验，是在创造劳动、在对目标创造性的追求过程中而产生的内在愉悦感。但这种愉悦感不是一开始就存在的，创造的过程一定是不完美的，是一定会给人带来痛苦的体验。就是这种不完美，激励着人们奋斗不息，去创造所谓的完美，并在创造过程中感受到收获与成长的快乐。人的过失、错误、挫折甚至耻辱，都是不断实现自我超越过程中必不可少的因素。然而，它们必须作为通向终点的手段，而不能作为终点本身。

所有的负面情感都有积极的意义，如果你不能从这些负面情感中感受到其蕴含的积极能量，并避免产生愧疚情绪或贬低自己，那么你的想象和记忆中便会留下错误的"目标"。世上最不幸的人，是那些顽固地总想重温昔日时光、在想象中总是割舍不下过去、总为过去的错误感到懊悔、总为曾经的罪过不停自责的人。

第三节　在实现双赢目标的过程中体现自我价值

人的成长是在完成各种任务、实现各种目标、充分竞争的过程中激发出来的。这意味着人的成长离不开组织，因为组织提供了成长的环境和资源。个体如果认可组织的愿景目标，就会积极看到组织发展中遇到的各种问题，而且会积极借助解决这些问题的机会，了解自己的优势和不足，不仅能充分发挥自己的优势，还能让自己的方方面面得到锻炼，最终实现个体和组织的共同成长。

工作与做工的区别

有的人认为，工作会令自己不快乐，工作是一种累赘，是一种负担，是不得不做的事情。其实，这些人是在做工，而不是在工作。做工的英文是"job"，工作的英文是"work"。work还有一层意思就是有效，如果一种方法不奏效，人们通常会说"It doesn't work"。管理学大师彼得·德鲁克将工作和做工区分得很清楚：在"三个石匠"的故事里，第一个石匠在砌墙，这就是典型的在做工；第二个石匠在做雕刻，是在工作，他追求的更多的是对自己有意义的目标；第三个石匠在盖教堂，他追求的是不仅对自己同时对组织和社会都很有意义的目标。[①]当一个人心中有了对自己、组织和社会都有意义的目标时，他所做的每一件事都是有价值的，工作中所有的困难、挑战、变动也都将变得有意义，他的成就感也会更强。

组织聘用任何一个人都不是让其来做工而是来工作的，因为只有工作才可以实现个人的梦想，也才能实现组织的目标。如果你没有梦想，仅把工作当成做工，那么这会给你和组织带来双输的结果；如果你有梦想，把工作当作施展自己才华和自我成长的舞台，那么你和组织便会产生双赢的结果。但是，很多人可能会说，他们刚开始工作的时候是有梦想的，但一段时间后梦想就被消磨殆尽了。对此，他们给出的解释是，当时选择这份工作就是错误的，是非常勉强的，所以很难投入感情，只能浑浑噩噩地混日子。如果你做过多次选择，发现自己屡次都产生同样的困惑，那么问题并不是出在组织身上，很可能出在你自己身上。你的潜意识里可能希望这是一个完美的组织，在各个方面都能满足你的要求，这样你才能够全身心地投入工作。其实，这是非常不切实际的期待和情感依赖，因为没有一个组织是完美的，而且组织录用你的时候同样可能抱着美好的期望——相信你的加入会提升组织的有效性，会让组织变得更完美。结果可能会令双方都很失望，而不是在满足彼此的期待中相互促进，共同成长。

---

① 彼得·德鲁克. 管理的实践[M]. 齐若兰, 译. 北京: 机械工业出版社, 2018.

专业度与兴趣度的区别

也有人可能会说："我的专业与兴趣很不同。"其实，你的专业领域和你的专业度完全是两回事：专业领域是在学校里所学的知识，比如有人学的是统计学，有人学的是机械工程，有人学的是营销；专业度是通过工作实践的历练、经验的总结慢慢提炼和沉淀下来的工作能力，是由为他人、为组织所做贡献的大小决定的，很多人的兴趣也是在提升专业度的过程中培养起来的。有的人在工作中不投入情感，不能发现工作的意义，尽管工作了很多年，但在专业领域完全没有建立专业度，也没有发现自己的兴趣所在。他们并没有充分地把握组织所提供的机会，不为自己的工作设定更高的标准，就像第一个石匠一样，只是简单的任务重复做了很多年而已。对于这些人来说，不断追求卓越是没有意义的事情，因为他们看到的都是砖头，心中没有那座教堂，没有令人神往的画面。

接受组织的不完美

有的人会说自己不认同组织目标，所以不能全身心地投入组织目标的达成过程中。在理想的情况下，组织目标的设定需要全体组织成员的参与，然而理想的组织少之又少，更多情况下的组织目标的设定过程对你来说都是陌生的。你会感觉很被动，甚至会产生压迫感，因为你可能不太同意某项目标或行动计划。此时的你如同站在一个岔路口，可能会面临两种选择：一种选择是仔细甄选你的优先事项和价值观，以确定你和组织的发展处在同一个方向，并思考个人如何在达成组织目标并做出贡献的同时实现自我成长；另一种选择是选择一条不需要走出舒适区的道路，尽管在这条路上，你不会有太多的成长机会，但成长并不是你追求的主要目标，安逸和舒适对你来说比成长更加重要。当然，你还可能面临着第三个选择：如果你的价值观与组织价值观产生了严重冲突，你无法认同组织的发展理念，那么经过慎重考虑后，你可以选择离开。

追求自我实现的人会珍惜组织提供的机会，一旦做出了与组织共同发展的决定，就会有意识地思考将时间和精力放在哪些该做的事情上，思考做这些事情能给组织带来怎样的价值，同时对自我发展又有怎样的意义。所有成长的大门都是从内打开的，当心门打开时，流淌出来的都是情感、才华、投入、好奇、探索……借助组织提供的工作机会，每个人都可以不断地开发自我和释放自我。越是用高标准要求自己，奇妙的事情越会不断发生——你会创造一个又一个惊喜，你会达到前所未有的高度，你会惊讶于所达成的一个又一个成果。

第四节　自我实现情商能力对工作的影响

情商能力低的影响

自我实现情商能力低的人的明显特征是：为工作设定的标准较低，不喜欢别人对自己有过高要求；不主动设定有挑战性的目标；工作热情较低，动力不足；不主动进行自我能力的开发；等等。因为在工作中没有找到有意义的个人目标，无论在工作目标的设定还是在自我能力提升方面，他们更愿意停留在舒适区。他们在工作中投入的情感较少，获得的满足感也较少，因为他们奉行"过得去就行、达到基本要求就好"的工作原则，投入度和热情度都不高。这种低投入缺乏热情的表现，是与组织不断追求更高更好的目标相背离的。自我实现情商能力低的人在团队中会传递较多的负能量，是其他人试图远离的人群，这反过来会给他们造成较大心理压力和工作压力。

情商能力高的影响

人们在组织内很容易辨识出自我实现情商能力较高的人。第一辨识标志是，他们对工作本身充满热情。追求意义的人会寻求创造性的挑战，他们乐于学习，工作上的每一次成功都让他们引以为傲。他们追求卓越，精力旺盛，孜孜不倦。第二辨识标志是，他们不接受平庸，不满足于那些唾手可得的目标，而是在不断地提高业绩标杆，并主动跟踪业绩水平。在自我管理和成就动机的共同作用下，他们能克服挫折和失败所带来的沮丧和消沉。第三辨识标志是，积极进取的人都有一套跟踪目标的方法，无论是个人目标、团队目标，还是整个公司的目标。第四辨识标志是，他们对组织有很高的忠诚度。人们如果热爱工作，那么往往会对提供该工作的组织产生较强的归属感。第五辨识标志是，他们具有带动团队进步的作用。对现状的不满足会推动他们寻找新的思路和解决方案，这些表现会对他人、对团队具有带动性。所以，自我实现情商能力突出的人通常是推动团队不断向前的强大力量的源泉，而且所投入的积极情感对激励他人和营造积极向上的团队氛围也会产生正面的影响。

但自我实现情商能力过高的人也会面临一定的风险。首先，自我实现情商能力高的人所设定的目标往往过高，不符合现实情况，不尊重客观现实，即使多次尝试失败，他们也不肯回到原点重新思考如何设定更适合的目标。而且，对于如何实现目标，他们可能有既定的规划和路径，因此存在着不能基于环境的变化灵活变通以达成目标的风险。其次，他们因为对自己的工作要求非常高，对他人也会有较高的期待，这会给他人带来较大的心理压力；当他人达不到他们的期望时，他们往往会产生失望、不满等负面情绪，从而给人际关系的建立造成障碍。最后一个风险是，有些人内心怀揣着目标和梦想，却较少与人沟通交流，也较少寻求他人的支持和帮助。要知道，单凭一己之力是很难实现目标的，因为随着组织的进化，岗位之间的界限越来越模糊，组织成员彼此之间的相互依赖度越来越高，目标的达成通常需要多方的参与和协同。

第五节　自我实现情商能力发展策略

以自己擅长的方式做事

每个人都有自己擅长的做事方式，有些人只有作为团队的一员才能发挥最大的作用，因为他们不擅长承担决策的责任和压力；有的人适合在大企业中做"小虾米"，还有的人适合在小企业中做"大鱼"；有些人可以在教练和导师的岗位上做出非常出色的成绩，但是不擅长以管理者的身份对别人发号施令；有些人擅长出谋划策，但不善于落地执行；有的人擅长按部就班，不善于随机应变；有些人喜欢严密的流程制度，不喜欢太大的发挥空间；等等。了解自己擅长的做事方式，这才是你的优势所在。只有充分发挥优势，充分发挥自己的天赋才干，自我提升才会有更大的意义和价值。你不需要努力成为任何其他人，即使是你很欣赏的人，因为这是不可能的，你只能成为更好的自己。自我实现就是在充分发挥自我优势的基础上不断自我提升和突破。在自我实现的过程中，你需要通过掌握新的知识和技能，努力改进做事的方式，不断提升工作的有效性，并在自己不擅长的领域有意识地整合其他优势资源，在不断发展自我的过程中实现对自己最有意义的目标。

解决实际工作中的难题

首先，你要与自己进行一次推心置腹的谈话：工作中，你有没有打算逃避的问题，逃避的主要原因是什么？从客观的角度来分析，这些问题的解决对个人和组织是否有价值？如果其他人面对同样的问题，那么他们会如何做？通过自我对话，你会发现，自己之所以逃避问题，主要还是情感上的原因，例如畏惧、害怕出错、缺乏信心、不愿意承担责任等。

其次，你要回归到理性层面进行思考：如果要解决某个问题，那么你想要实现的目标是什么，你是否在脑海中形成了达成目标后的景象；如果这个景象不能唤起你的动力和热情，那么你需要对其进行重构以使其具有足够的吸引力。在思考的过程中，你能看到自己为解决问题采取积极有效的行动，你还能看到自己在面临困难时不会跑开或躲避，而会以一种积极的态度机智地应对。

最后，你要回到现实中，按照脑海中的画面采取行动。人一旦行动起来，就会产生力量。虽然行动中的你也许会发现实际情况与想象中的存在差距，但是你的大脑已经为你启动了成功机制，你的潜意识会不断地为你提供你所需的服务。因为你心中相信问题可以解决，相信自己会成功，所以你会带着自信和热情投入到行动中，你会根据情况的变化灵活地调整行动策略，即使犯错误或一时失利，你也会主动做出调整和修正。在调整和修正的过程中，你会对自己更有信心，因为积极正向的情感能量一旦进入正循环，小小的成功便会激发更大的成功。

为工作设定更高的标准

很多人不快乐的原因是失去了追求的目标，失去了进取的人生态度。鉴于此种情形，你可以尝试为自己的工作设定更高的标准。既然组织为你提供了一个岗位，你就要思考这个岗位需要什么，必须做好什么，还可以做好什么才是对组织最有意义的；当被提拔到了一个新的岗位时，你就要重新思考组织对这个岗位的期待是什么，这个岗位如何对组织效率和未来持续健康发展做出贡献，也就是说，这个岗位的使命应该是什么，你要做些什么才能最好地履行岗位使命。如果你这样想，你的思想境界就拔高了，你的生命就更有张力了，你的精神面貌和情感状态就会大大改善了。

即使是同一个岗位，因为组织内外部环境的各种变化，岗位职责及其对能力的要求也会不断进行调整。如果你对变化的适应性不强，那么你可以向年轻人学习，他们新鲜的视角和思想会对你形成冲击。此时，你要有归零的学习心态，放下年龄和资历所带来的各种虚荣心和自以为是，摒弃控制他人及向他人证明自己的欲望；你还要让年轻人自我实现的激情与抱负感染自己，同他们一起重新探索工作的意义和价值，并在此过程中鼓励他们自我开发，助力他们持续不断地取得提升与进步，让他们感受到成长和成功带来的成就感，从而在工作中承担起更大的责任。此时的你也会感受到自己的蜕变和与时俱进，你的工作满意度和热情也会与日俱增。

认真规划你的时间

对自己的工作设定更高的标准，需要不断地提升专业度及各项能力，需要持续不断地学习，需要平衡立意长远和立足脚下。一个真正的自我领导者会不断提醒自己哪些事情是真正重要的，会区分重要不紧急、重要紧急的事情，会思考为什么要花时间做这些事情以及做这些事情是否有意义。如果你基于个人的价值观和愿景目标，结合组织的发展目标和战略规划，找到了对自己而言真正重要的事情，并且能够确保自己至少有50%的时间都在做这些事情，你的成就感就会大大提高。当然，在剩下的不足50%的时间里，你从事的工作也要对这些事情有所帮助，这就出现了"优先"和"优后"的区别。你首先需要确定把优先的时间花在哪些方面，然后合理安排对优先的事情有所帮助的优后事情，从而让重要的事情慢慢酝酿，最终水到渠成。时间对每个人都是公平的，但是因为投入的时间和所做的事情不同，每个人所取得的成就便会不同。成功是规划出来的，如果基于所设定的目标，在最宝贵的资源获取方面进行了合理的时间规划，你就会取得更高的成就和做更好的自己，也会充满积极的期待。

承担新的责任

如果你在岗位上不能充分发挥你的优势，或者你对其他工作内容感兴趣，或者你想寻找机会开发自己的潜能象限，抑或你愿意为团队、为组织分担压力，那么承担新的责任是自我实现很可行的策略。寻求新的责任需要你站在团队或组织的高度，找到更多对团队或组织有意义的工作并主动承担这些工作。这些工作可以是正式的，例如成为某个重大项目的正式一员；也可以是非正式，例如义务组织某项团体活动。通过承担新的责任，让他人感受到你的价值和贡献，你的存在感和价值感便会大大提升。

第三章

对情绪的自我意识

案例：李力为什么在工作中不开心

李力在一家科技公司的研发部门任开发团队主管五年了。这五年来，他工作得很不开心，工作压力大是原因之一，最主要的原因在于他的上司陈峰。首先，李力认为陈峰是个非常挑剔的人——团队编写好的程序在他那里很难通过，他会不断地让大家按照他的要求重新编写。这让李力以及整个团队都很焦虑，也对陈峰充满了抱怨。其次，陈峰对公司高层的决策唯命是从，为部门设定了很有挑战性的目标和工作标准，说实现部门目标是对公司业务的最大化支持。为了实现他对公司高层的承诺，所有人在质量上、时间节点上都要严格执行部门计划，工作强度越来越大。最后，陈峰还让各团队主管在工作之余多参加专业性学习，以帮助团队提升技术水平。李力认为这是陈峰在暗讽团队主管的专业水平不高，担心因他们的短板而拖了部门的后腿。因为对陈峰上述几个方面的不满，李力有时在部门会议上会当面质疑和挑战陈峰，让部门其他人不知所措。

案例中的李力显然没有感知到自己在工作中一直处于抵触对抗的情绪状态，没有意识到在这样的负面情绪状态下，他所关注的都是上司管理行为中自己认为的不妥之处。分析触发李力情绪和行为的原因，不难看出：其一是他对自我能力的评价不够客观，不愿意面对自己专业性不强的客观现实；其二是他对部门设定的挑战性目标和过高的工作标准不认可；其三是他任由自己的情绪感受掌控自己的行为，也就是说，他的行为表现是非常情绪化的。

第一节　认识情绪感受

对情绪的自我意识就是，要能够觉察到自己的情绪感受，能精确辨识是怎样的情绪感受，能意识到这样的情绪状态会对自己的思维、行为和结果产生怎样的影响，同时能够理解情绪感受背后产生的原因——自己潜意识里的观点认知。

情感驱使行为

人无论有多么理性，永远都受制于其动物属性的牵绊。无论你是否意识到，人的情感就像水流一样，每一刻都在体内自由且散漫地流动着，无时无刻不在影响着信息的处理过程。情感的行为导向具有其独特性：是快速而不是精准，是随性而不是严谨，是基于点的刺激而不是对全貌的掌控，它不懂道德，不理会规范，唯一的要求是获得眼下的快乐或避免痛苦，所以它选择的方向未必是正确的，产生的结果未必是人们希望看到的。

《思考，快与慢》（*Thinking, Fast and Slow*）的作者丹尼尔·卡尼曼的研究发现，大脑中有两套系统在运作，即所谓的系统1和系统2。系

1的运行是无意识且快速的，依赖情感、记忆和经验迅速做出判断，使人们能够迅速地对眼前的情况做出反应。系统1会片面地萃取信息并将原本复杂的问题做简单化处理，任由损失厌恶和乐观偏见之类的错觉引导人们做出错误的选择。系统2的运行需要人们集中注意力并在深思熟虑之后做出决策，但其仍然受制于系统1产生的印象和感觉。也就是说，人的大部分行为都是系统1运作的结果，即使是看似非常理性的商业行为。另外，系统1还有一个更大的特点，即人们无法关闭它。[1]

总之，人的理性与情感的关系，就如同车夫与马匹的关系——理性是车夫，情感是马匹。如果对情绪没有意识或对其不加以管理，人的思想和行为就如同脱缰的马匹，不受操控和驾驭，可以随心所欲地去往任何一个地方。但当你到达了那个地方时，你会发现那个地方并不是你真正想去的，它偏离了你设想的轨道。也许任由马匹肆意奔驰的感觉很爽，但那只是一时的痛快，留给你更多的很可能是沮丧、焦虑、不满、担心、恐惧等情绪以及难以修复的后果。这些由情感本能驱使的行为具有任性、随性、情绪化的特点。

人类的基本情感

从人的生物性来讲，人类在进化过程中的绝大部分精力是用来克服来自外部的生存环境压力的。在应对环境压力的过程中，人类体验到的大部分情感是负面情感。每一种情绪都对应着人们身处某种情境时的身心反应：当危险逼近时，人们就会感受到恐惧；当令人极度不安的事物出现时，人们便会感到厌恶；当重要目标的达成受到阻碍时，人们就会

---

[1] 丹尼尔·卡尼曼. 思考，快与慢[M]. 胡晓姣，李爱民，何梦莹，译. 北京：中信出版社，2012.

产生愤怒；当克服了重重困难实现了目标时，人们就会感到高兴；等等。

情绪的表现形式五花八门，但归纳起来大体分为喜悦、愤怒、悲伤、恐惧几种。这些情绪是人类自然的心理状态，是人与生俱来的一部分。生活对许多人来说都是不易的，而且随着社会演变得越来越复杂，竞争越来越激烈，实现目标也越来越难。现代人所经历的负面情绪比我们的祖先有过之而无不及，这也是现在社会中的焦虑、抑郁、厌世、冷漠等负面情绪会如此普遍的原因所在。很多人在感知到自己的负面情绪时会有负罪感，认为自己不应该产生这些负面情绪，从而选择压抑或逃避这些情绪，这种错误的观念和行为缘于他们未能理解失望、沮丧、不满、焦虑、忧虑等将是贯穿于工作和生活的情感主线。即使情商再高的人，首先也是一个常人，也会感受到人生所要经历的酸甜苦辣。

1. 喜悦

表达喜悦的词汇有幸福、快乐、欣慰、满意、自豪、兴奋、欣喜、满足等，这样的情绪感受会让人体会到人生的意义和价值、生活的幸福和美好，给人以走出困难、创造未来的方向和力量，是人们在工作和生活中感受到的积极正面的情感。

2. 愤怒

表达愤怒的词汇有狂怒、暴怒、怨恨、恼怒、气愤、生气、充满敌意等，通常是个人的需求没有被满足时内心的情感体验。这些情绪感受如果不加以管控，通常会引发冲动性、宣泄性、破坏性的行为结果。基于人类趋利避害的本性，没有人愿意与一个经常表现出愤怒情绪的人共事，因为愤怒会引发他人紧张、焦虑、担心、害怕等负面情感。尽管愤怒通常是人们避之唯恐不及的情绪感受，然而它同其他情感一样都含有积极的意义——在适当场景、针对适合的人、以恰当的方式表达愤怒，对人际关系的建立和问题的解决都有着积极的意义。例如，对于三番五次不能兑现其承诺的同事，如果你通过适度地表达愤怒让他们知道你的底线，清楚你的共事原则，从而让他们做出改变，那么愤怒的情绪便产生了积极的意义——不仅维护了自尊，体现了自重，而且对双方的共事与合作起到了积极推动的作用。

高情商的人会允许自己感受到愤怒，接纳并理解自己的愤怒，但他们不会让愤怒成为脱缰的野马，而会在有效管控的基础上，让愤怒转化成新的行为动力，产生积极的意义和结果，从而将愤怒转化为欣慰、满意、自豪、自信等积极情感。

3. 悲伤

表达悲伤的词汇有忧伤、忧愁、自怜、沮丧、绝望等，通常是个人被否定、被质疑、被抛弃、看不到希望时内心的情感体验。这些情绪感受如果不加以管理，通常会让人陷入自我编织的灰暗悲凄的主观世界。尽管悲伤通常表现为自寻烦恼自套枷锁，但它同样具有让人变得越来越坚韧的积极意义。例如，由于你精心设计的方案遭到了上司的拒绝，你产生了沮丧和忧愁的情绪，这是非常正常的。如果你没有一味地自怨自艾，而是主动寻求上司的反馈和建议，发现原有方案的不足之处，并积极对其进行完善，使新方案的设计更上一层楼，那么你的能力和自信心也会随之提升，此时你的沮丧和忧愁便促进了自我的蜕变和成长。

高情商的人会允许自己感受悲伤和忧愁，不会被悲伤和忧愁的消极感受侵袭，而会充分发挥悲伤和忧愁的积极意义，使其成为推动自己不断成长的内在力量，并在此过程中感受到更多期待、欣喜、认同、信任等积极情感。

4. 恐惧

表达恐惧的词汇有惊恐、畏惧、惊骇、恐怖等，通常是个人在面对变化、危险、未知、不确定性、不可控因素时所产生的内心的情感体验。这些情绪感受如果不加以管理，通常会让人陷入茫然慌乱、不知所措、退缩不前、极度不安等无效无谓的挣扎中。尽管恐惧和焦虑通常是人们努力抗拒的情绪感受，但它们同样具有一定的积极意义。如果缺失适度的焦虑和恐惧，人们就不会有改变的紧迫感，就会缺少走出舒适区的动力。例如，客户对你负责的项目结果不甚满意，这会让你产生极大的担忧和恐惧——唯恐丢失客户，使公司的利益受损。这种恐惧感会促使你对项目流程和项目质量进行分析，还会促使你主动与相关人员进行沟通探讨以及进行项目方案的优化升级，这无论对客户、个人还是组织来说，都有着积极的意义。

高情商的人会允许自己感受恐惧和焦虑，也会坦然接受自己处于恐惧和焦虑中，但他们不会被恐惧和焦虑的消极感受侵袭，而会充分发挥其积极意义，使其成为推动自己不断走出舒适区、不断扩大舒适区的强大推动力，最终将恐惧转化为接纳、宁静、满足、期盼等积极情感。

研究表明，积极情感会让人离目标越来越近，消极情感会让人离目标越来越远。因为在积极情绪状态下，人的思维会更多地聚焦于机会、目标、可能性等令人充满希望的层面，人们也将更多地表现出理解、投入、协同、开拓、创新、担当等有助于目标达成的行为方式；在负面情绪状态下，人的思维会更多地聚焦于问题、缺点、不足等令人不满意的层面，人们也将更多地表现出抱怨、指责、逃避、推诿、保守、放弃等不利于目标达成的行为方式。另外，当负面情绪没有得到足够的重视、接纳和有效疏导时，它们就会在人们的心中生根发芽，自我浇灌茂盛成长，最终不仅导致整个人负能量满满，而且还会将这种负能量传递给他人，从而产生负面的连锁反应。所以我们要觉察自己的情绪感受，意识到其对自己思想和行为的影响，主动对情感和行为进行调整。

　　上天是非常公平的，人们要经历的困难和坎坷是非常类似的，因此我们要培养发现美的眼睛和心灵，不仅要看到、感受到生活的美好，还要积极地看待生活与工作中的各种压力和困难（这些看似负面的东西对于生命的成长都有着积极的意义）。在人生的漫漫长路上，我们不要让负面的情绪感受无谓地消耗过多的能量，而要在困难和挑战面前表现出信心和力量，让自己传递更多的积极情感。美国积极心理学之父马丁·塞利格曼（Martin Seligman）曾经研究过幸福的人和不幸福的人在工作生活中感受正面情感和负面情感的时间比例，他的研究发现：幸福的人感受到的积极情感和消极情感的大概时间比例是4∶1，而不幸福人的时间比例正好相反。[1]

第二节　引发情绪感受的原因

　　对情绪的自我意识不仅指一个人能觉察到自己的情绪感受，能理解情绪感受对自己思想和行为的影响，还能向内探寻产生这些感受的原因是什么。情绪感受是非常主观的体验，人与人之间有很大的差异性。心理学家弗洛伊德认为，每个人都有一个深藏于意识表面之下的潜意识。[2]直到20世纪60~70年代，心理学家们才发现这个潜意识就是驱动人们外在情绪和行为反应的内心世界，而且这个内心世界是人们完全可以觉察的。这个发现就是著名的冰山理论。

---

[1] 马丁·塞利格曼. 真实的幸福[M]. 洪兰, 译. 沈阳: 万卷出版公司, 2010.
[2] 西格蒙德·弗洛伊德. 梦的解析[M]. 方厚升, 译. 杭州: 浙江文艺出版社, 2016.

认知系统不同带来内感受系统不同

每个人都是一座冰山。冰山最底层是自我形象，即一个人对"我是谁？""我要成为什么样的人？"的清晰或隐约的画像。这个自我画像的不同决定了人在社会中会产生诸多不同的需求，这些需求会影响我们对自己、他人和外在事物的认知。也就是说，每个人都有自己独特的认知系统，对人对事会形成自己主观的诠释和判断，从而产生不同的情感体验。认知或信念系统会受到个体天生气质上的差异以及不同的人生阅历的影响。认知系统不同造成每个人的内感受系统有所不同，也就是引发情绪感受的场景、事件以及情绪感受的程度都会有所不同。内感受系统是绝大多数基本情绪感受的源泉，有的人更容易陷入低落、忧郁、焦虑等情绪状态，有的人内心更容易充满着喜悦、快乐和满足。实际上，内感受系统会影响个体构建的生活环境和情感空间，会对个体的思想、感受和行为产生影响，这也是为什么面对同一件事情，不同的人会有不同的情绪感受。

如果个体潜意识里的自我形象不够强大，对外物充满了极大的欲望，那么无论他拥有什么、无论他做什么事情，他都不能感受到富有和快乐，只会表现出更多的怨恨、自卑、嫉妒、不满等情绪感受；相反，如果个体潜意识里的自我形象足够强大，对外物的欲望和需求比较低，那么即便他比较贫穷，他仍能感受到生活的丰盈和美好，从而表现出友爱、真诚、慷慨、谦虚等情绪感受。正如莎士比亚在《哈姆雷特》中的那句经典台词："事情本身没有好坏之分，是你的思想决定了它！"[1]这个思想就是指一个人内心的潜在信念。如果你从来不对上司的看法提出异议，那

---

[1] 威廉·莎士比亚.哈姆雷特[M].朱生豪，译.南京：译林出版社，2018.

么"害怕被拒绝"或"我不能犯错误"可能是深藏于你内心的潜在的消极信念；如果你不敢公开发言，不敢在众人面前把自己想说的话表达清楚，那么"我没有令人过目不忘的外表"或"我看上去不像成功人士"也许是你内心深处的潜在信念；如果在会议上你没有被邀请发言，同事聚会没有邀请你参加，那么你的信念认知可能是"他们不看重我，他们故意疏远我"——这种信念会让你产生受挫的感觉，因此你在行为上可能也会有意识地与他人保持距离。

心理学大师卡尔·古斯塔夫·荣格（Carl Gustav Jung）指出，潜在信念是隐藏的，需要人们不断去探索。[①]信念的形成受到多种因素的影响。首先，家庭环境会对信念产生影响。小时候从父母或其他德高望重的长辈那里接受的意见和教诲会变成我们思维的一部分，并会持续地影响着我们的感受和行为。其次，社会环境会对信念产生影响。人类生存的社会存在着一个不可避免的缺点，即过分强调每个人必须符合一个普遍被接受的、标准的范式，造成了很多人存在是否做自己以及如何做自己方面的困惑和迷茫。最后，避免错误及失败的行为也会对信念产生影响。学习的正常程序是尝试—失败—调整—再尝试，小孩子是这样子学会走路及说话的，小鸟学飞、野生动物猎食也都经历了这样的程序，这是自然的方法。但是，人类比其他动物多了知性的敏感——人们对社会认同及自我尊重的需求不断提高，错误会使人们觉得困窘，而失败会使人们遭受打击。尤其是父母、教师或你的老板，一旦他们过分强调完美，过分强调错误的破坏性和灾难性，这种对失败的恐惧就会孕育懦弱、胆小和停滞不前，使人们彷徨犹豫，拒绝任何挑战，会不愿意承担再一次错误及失败的风险。

---

① 卡尔·古斯塔夫·荣格.潜意识与心灵成长[M].张月，译.南京：译林出版社，2014.

在大多数情况下，人们会出于习惯而无意识地对环境、对他人做出反应。长期的经验已经使人们的大脑布置好了神经中枢的路径，从而形成了自己的思维模式、情感模式和行为模式。这些模式就成了每个人认知世界的过滤器，同时每个人都受到自己思维模式、情感模式和行为模式的支配。人们如果能够有意识地识别出这些心智模式，在与他人互动或做决策时增强大脑评估的能力，就能够有效地避免惯性思维的陷阱，从而做出更好的决策和更有效地解决问题。

情感是使者，在传递着关于自我的信息

人的情绪感受是100%真实的，是绝对诚实可靠的，是非常宝贵的认识自我的信息来源。无条件地接纳这些情绪感受就是在无条件地接纳真实的自己。压抑或逃避情感，尤其是负面情感，就好比你在高速公路上开车听到汽车引擎有点奇怪的噪声时，你不是停车认真检查哪里出了问题，而是试图开大汽车广播的音量来掩盖噪声。这种掩耳盗铃的做法只会使问题更加恶化，只会自欺欺人。情绪是使者，传递着关于自我的真实信息，因此人们所要做的是及时觉察和识别这些信息，通过这些信息来认识和理解自己，发现问题并有效解决问题。如同车夫要驾驭马匹就需要了解马匹的秉性一样，你如果想主宰情绪感受，就要去解读它正传递着关于"你"的重要信息——通过理解、体会、验证这些情感信息，你便能对自己的秉性、观点、需求、价值取向等进行更多的认识和理解。

对情绪感受的识别、理解和管理是发展情商能力的基础。在此基础上，我们还需要通过外在行为的改变和调整，实现"绩效"和"康乐"的目标，从而实现情商能力的真正提升。例如，当发现自己最近总是莫名地心情低落时，你就一定要思考其背后的原因——可能是你很在意的

某个人的表现令你很失望，抑或你心中的焦虑、愤怒或忧郁的情绪已经对你的心智造成了困扰。这时，你需要坦然接受情感所传递的信息，理性地分析接下来要采取的行动，以避免这种情绪困扰的持续蔓延。你的这些做法不仅有助于疏导自己的负面情绪，也有利于绩效结果的达成，这就是情感信息作为使者的意义所在。对于情感信息，我们要觉察它、接纳它、理解它、运用它，使其服务于绩效目标达成和康乐的心理状态，而不是一味地压抑它、控制它。

第三节　对情绪的自我意识情商能力对工作的影响

情商能力低的影响

对情绪的自我意识情商能力较弱的人在工作中对自我情绪的关注较少，情感觉察能力和管控能力较弱，较多行为是在情绪不自觉的情况下表现出来的且显得比较随性和情绪化。这种随性和情绪化的行为方式有时候会令他人感觉不舒服，可能会对人际关系的建立产生影响。由此产生的人际关系问题反过来会给这类人带来困扰，因为他们难以理解问题背后的真正原因。

情商能力高的影响

对情绪的自我意识情商能力较高的人不仅能觉察、理解情绪感受，还能对其进行管理和应用。例如，在一场谈话中，如果你认为参与其中不仅会体现自己的价值，而且会使团队氛围更好，那么你可能表现出比较积极的情绪状态；如果你认为自己表达观点可能会引发争议，会给自己和他人带来不好的感受，那么你可能会选择保持沉默。你在这场谈话中的表现会让他人与你产生情感共鸣，对建立双方满意的人际关系非常有帮助。同时，你会被视作天生的冲突调解人，能识别并预测他人的情绪触发因素，还能有效利用自己的情绪信息以采取必要的行动。

对情绪的自我意识过强也存在一定的风险——你的内心会比较敏感，他人不经意的言行都可能触发你的情感反应，你容易沉浸在情绪感受中难以自拔。在情绪状态下，人的内心会编织各种故事，然而这些故事通常会偏离事实，所以你如果沉浸其中，就会给自己带来很多困扰。另外，他人也会感觉与对情绪的自我意识情商能力过高的人互动起来比较累，因为这样的人情绪太敏感，"雷区"较多，一不小心就会"爆发"。

第四节　对情绪的自我意识情商能力发展策略

任何一项情商能力的提升都要以管理情绪感受为前提，所以对情绪的自我意识是提升所有情商能力的基础。要想提升对情绪的自我意识，我们可以从以下几个方面做起。

观察身体反应

在观察他人的面部、身体语言及倾听他们讲话时的语音语调时，我们似乎可以毫不费劲地感受到对方的情绪状态。只凭一张脸或者只是身体的姿势变化，我们就可以解读情绪，甚至在对方还没有意识到的情况下我们已经提前感知到了。另外，我们每个人也可以通过观察自己的生理反应和外在肢体反应，觉察自己的情绪状态。例如，生气时，肩膀和脖子僵硬，呼吸加快，音调提高；紧张时，拳头握紧，呼吸急促，腿发抖；愤怒时，心跳加速，胃部不舒服，轻皱眉头或者紧锁眉头；恐惧时，浑身发抖，脸色发白；等等。每一种情绪都伴随着一系列不同的身体内部变化和感觉上的变化，因此识别这些身体反应成了识别情绪的重要的方法。同时，你也可以观察自己在不同情绪下的肢体反应来识别自己的情绪状态。

情感内省

情感内省是通过记录情感日志或情感复盘的方式，自己把自己当作旁观者，对在特定场景或事件中自己的心路历程和行为表现进行观察和思考，问自己：发生了什么？自己的情绪感受是什么？激发情绪感受的原因是什么？在情绪状态下，你脑海里闪过的念头和采取的行动是什么？你被激发的情绪感受会导致什么样的结果？你对自己有怎样的认识和发现？刺激与反应之间是否存在着某种模式？经常记录自己的情绪波动或重要的经历并进行情感复盘，你就会对自己的情绪感受多一些认识，并会借助情绪感受传递的信息对自己多一些洞察。同时，人的大脑具有预测功能，经常进行情感内省还会帮助你发现自己在不同的外界刺激下是否存在着一定的情感反应模式。如果存在一定的模式，那么再面对类似的事情时，你便会提前做好心理准备，从而有意识地对情绪感受进行管控以及采取更加有效的应对策略。

例如，有的人发现在时间紧迫的情况下，他们会表现出心情紧张，容易慌乱，行动会有失水准。很显然，时间紧迫是引发他们紧张和慌乱的主要原因。对此，他们的应对策略就应该是仔细规划时间，提前做好准备工作，尽可能不让自己处于被动应付某件事情的处境中。再如，有的人发现在对待比较苛刻的客户时，自己有急躁、不耐烦的情绪倾向。剖析此类情绪产生的原因，我们发现，此类人更关注的是能否顺利签单，潜意识里希望客户提出的要求越少越好。然而，这种只考虑自己单方面的利益，没有同时顾及客户的需求，不利于与客户建立信任持久的关系，对当下和未来的业务发展都会产生负面影响。因此，对于客户再提出苛刻的要求，此类人的应对策略应该是主动改变心智模式，将内心的急躁转化成更有建设性的态度，尽可能满足客户的需求，妥善自如地与客户进行互动。

提升情绪调节能力

生活中的人们难免会带有一些消极情绪，这是客观现实。要想走得远，走得好，走向阳光和胜利，我们就要懂得放松自己，及时缓解和疏导负面情绪，给自己的心灵减负，及时补给自己损耗的情感能量，这就需要我们具备较高的情绪调节能力。情绪调节能力使人们有能量、有信心重拾勇气，继续面对生活中的困难和挫折，积极应对各种不利局面，为实现有意义的目标继续奋力前行。以下是几种简单、有效的情绪调节方式，每个人可以根据自己的实际情况找到自己最有效的方式。

1. 改变心境

经常阅读一些有意义的书籍，看震撼人心的电影，与家人朋友谈心，与他人一起共度美好时光，听他人讲述感人的故事……这些方法都能让自己的心灵透透气。在这样的心灵之旅中，你能倾听到了自己内心的声音，能够看清楚自己是如何诠释客观信息的，能够发现从现实中截取了哪些信息并用这些信息编织了怎样的故事。你会意识到自我原有的内感受系统是如何绑架了你的认知和情绪的。这些故事或他人不同的视角会引发你重新架构你的内心世界和情感空间。之后，你可能会发现你看人看事的视角发生了改变，你也可能发现你的语言体系发生了改变，这些都是重构你的内感受系统、重构你的情感空间的表现。

2. 改善身体状态

人们的情绪状态会影响到身体健康，反之，身体状态也会对人们的思想、情感和行为产生影响。研究表明，患有慢性病的人，因为身体长期受病痛的折磨，想法通常都比较悲观。悲观的想法会引发负面的情绪感受，这不仅会影响病人的工作生活质量，也会加重他们身体的病痛。一个人需要做的较为根本的一件事就是，让自己的身体处于良好的状态，保证睡眠，健康饮食，多接触大自然。这些虽是老生常谈，却为情绪状态的调节和改善奠定了基础。

运动对减轻心理压力和排解负面情感是非常有效的方式。当情绪处在低能量状态的时候，我们可以通过跑步、打羽毛球等自己喜欢的运动方式来调整自己——多排汗有助于分泌多巴胺，还有助于聚集身体内部的能量。人的身心是系统化运作的，当身体内部的能量聚集时，内心的情感能量也会自然得到提升。

3. 正念冥想

即使表面处于安静的状态，人的大脑也会充斥着各种各样的念头。这些念头或将个体从当下带进时间穿越之旅，让其重温过去各种不愉快的情绪体验，设想未来可能要面对的棘手的场景——个体在虚幻的世界里在不停地行动着、忙碌着、咀嚼着生活的各种不易和辛酸。所以，那些表面上看起来静态的人，思想往往是活跃的、动态的。

正念冥想的目的在于让自己的思绪沉寂下来，让大脑系统得到彻底放松和休整，使身心从动的状态转化为静的状态。如果把大脑的各种思绪比喻成一杯泥水，那么动的状态就像我们在不断地搅拌这杯水，让自己思绪翻飞，浮想联翩；而静的状态就像我们在默默等待那些泥土沉到杯底，留下干净纯洁的上层水面。以喝咖啡为例，所谓的静的状态是，你在吞咽时所感受到的苦涩、甘甜，喝下咖啡时胃部的反应以及你内心产生的感受，等等。

正念冥想能够让大脑专注于某个事物的客观存在，留给大脑更加冷静和澄明的空间，让大脑自动地安静下来。在正念冥想的过程中，呼吸一直是被用于冥想的对象——人们可以随着吸气和呼气，把注意力集中在持续变化的身体器官的感觉之中。另一种冥想的客体是人的情绪感受。当我们把情感从思想认识和身体反应中剥离出来并将其作为一个关注对象时，情绪状态和身体状态都会得到改善。丹尼尔·戈尔曼和理查德·戴维森在其《新情商》（*Altered Traits*）一书中谈到，冥想对人的大脑结构和功能的确会产生较大的影响。[1]还有一些研究表明，冥想可以减轻压力，减少不愉快的情感体验。

---

[1] 丹尼尔·戈尔曼，理查德·戴维森.新情商[M].史耕山，张尚莲，译.北京：中信出版社，2019.

第二部分

自我表达

第四章
情绪表达

案例：亚特的表达方式为什么不恰当

亚特在下班前得知今年奖金全部告吹，他依靠那笔钱才能实现的美好计划将全部落空。他非常失望，甚至有些恼怒。他在开车回家的路上反常地狂按喇叭，大骂超车司机，回家停车后还狠狠地摔上车门。一进家门，他指着在看电视的女儿大声吼道："别看电视了，整天就知道看电视。你要是把看电视的时间用到学习上，成绩肯定会提高很多！"亚特的妻子正在做晚饭，急忙从厨房走了过来，疑惑地问道："发生了什么事情？"亚特指着女儿生气地说道："这孩子什么都不干，就知道看电视。"看到女儿委屈的神情，妻子对亚特说道："你为什么这么生气呀？""我没生气，我就是受不了她这么懒。还有，别在她面前跟我吵架！"亚特大声反驳道。一番争吵之后，女儿关了电视上楼去了，不愿意下来吃饭。亚特还在生气，而妻子也伤心而疑惑地默默回到了厨房，不知所措。

亚特辛苦了一年没有拿到奖金很失望、很沮丧，这是非常正常的情感反应，换成任何一个人都会如此。负面情绪会引发负面的思维和行为，亚特在负面情绪的绑架下，训斥女儿，指责妻子，用情绪对抗的方式告诉家人自己心情很糟糕、很烦躁，造成妻子和女儿莫名的紧张和忧郁。亚特只是一味地宣泄情绪，并没有解释自己为什么心情这么糟糕，妻子和女儿都被蒙在鼓里。对于亚特而言，尽管情绪宣泄会让他感到一时的痛快，但面对家庭氛围的破坏，他糟糕的心情不但不会有任何好转，反而会越来越低落。得不到家人在情感上的理解和支持，亚特的情绪宣泄只会造成能量的进一步损耗，只会造成事态的进一步恶化。也许亚特还会把坏情绪带到工作中，同样用情绪对抗的方式来对待工作——不积极，不投入，以致牢骚、抱怨、指责等现象频发。

第一节 情绪需要表达

自我表达是人们向外界展现自己的方式，每个人都是通过自我表达的方式来向外界传递自我信息、展示自我形象的。这些形象或是开放的、封闭的，或是坦诚、虚伪的，或是自信的、自卑的，或是积极的、消极的，或是关注自我的、乐于奉献的，或是引领的、追随的，等等。这些表达自我的方式对于个人品牌的塑造、人际关系的建立和问题的解决会产生重大的影响。情绪表达是自我表达的一个方面，是以语言或非语言的且他人能够接受的方式表达自己真实的情感信息。人作为情感动物，无论在个人独处、与人互动还是处理各种纷繁事件时，都会产生大量的情绪感受。情绪表达往往表现为向他人敞开心扉，以恰当的方式表达自己真实的感受和想法，从而缓解和调节自己的情绪状态，因此有利于促进信任关系的建立和问题的解决。

情绪不表达的危害性

人的情绪感受如果长时间积郁得不到释放，就会产生极大的危害性。首先，情绪不表达会伤害自己：关闭心门会加重个体心理能量的消耗，让自己较长时间弥留在负面情感所带来的伤害之中，而负面情感具有发酵和蔓延的功能，长此以往便会对身体和心理健康产生影响。其次，情绪不表达会影响信任关系的建立：情感上的同频和共鸣是建立彼此信任关系的基础，如果情绪不表达，心结就不能及时解开，双方情感就可能处于对立面，以致沟通的能量通道被堵塞，双方的关系越来越疏远；另外，如果你的负面情绪是由他人引起的，而你又不愿意将其表达出来，那么对方并不知道其行为对你产生了影响，同样的行为还有可能再次出现，从而会使双方关系进一步恶化。再次，情绪不表达会伤害他人：他人也在承受着不良沟通所带来的后果，在不明缘由的情况下被动地承受着你在情绪上的对抗或情绪上的冷暴力，成了你负面情绪和负面行为的受害者。最后，情绪不表达不利于问题的解决：情感上的压抑意味着对问题的压制，而逃避引发情绪的问题或对其置之不理，可能会造成问题的积聚和恶化。

有的人不善于表达正面的情绪感受，对自己和他人突出的表现无动于衷，潜意识里选择性地忽略和压抑欣赏、喜悦、激动、兴奋等积极情感，而且冠以这种情感压制堂皇的理由——"谦虚使人进步，骄傲使人落后"。他们担心打开积极情感的闸门会冲昏人们的头脑，造成骄傲落后的结果。其实，这种选择性的压抑会带来同样的后果，首先会伤害自己，即不能及时对自我进行肯定，不利于自信心的建立和自我价值的提升；其次会影响到与他人的情感关系的建立，即视他人的突出表现为理所应当，不及时对他人的优点、贡献等表达认可和肯定，从而打击他们的积极性和自我价值感，而且不利于拉近情感距离，最终造成彼此的冷漠和疏离。

情绪表达的益处

无论是积极正面的情感还是消极负面的情感，都需要开放坦诚地进行表达。敞开心扉对有些人而言是勇气的考验，但考虑到其带来的以下多项益处，培养这种勇气还是非常值得的。

首先，情绪表达能够及时疏导负面情绪并缓解自己的心理压力。远路无轻载，如果负面情绪不及时疏导，它就会在你的心里持续发酵，你就会陷入自我编织的遐想世界——遐想得越多，你就会离真实世界越远，对于建立信任关系就越不利。

其次，在情绪表达的过程中，你能够对自己的思想和情感有更深刻的了解。一个人能把事情想明白未必能把事情说明白，但是在把事情说明白的过程中一定会想得更明白。在表达的过程中，你会对自己的思想、情感、需求、价值观等有更清楚的认识，而认识自我永远都是发展自我的前提。

再次，情绪表达会增进他人对你的了解。只有敞开心扉表达自己，你才能与他人找到共鸣点；也只有充分表达，你才能发现自己的认知与他人有出入的地方，才能与他人开展开诚布公的谈话。

最后，在情绪表达之后，你会更快速地进入高效解决问题的阶段。在情感没有打通的情况下，解决问题会很困难，因为阻碍问题解决的主要原因通常都是情感问题——情感的淤堵没有得到及时清理，甚至淤堵过于严重很难打通。所以，很多时候，问题得不到解决，不是你不知道该如何解决，而是情感原因所致。现实中也确实存在在情感不通的情况下解决问题的案例，但在这种情况下解决问题通常只能治标不治本。

当负面情感得到排解或情感淤堵得到疏通时，你的情感能量就会进入正向循环的轨道，积极健康的情感就会得到更大的释放空间，情感状态就会从低气压的负能量状态进入高气压的正能量状态。情感的状态会对人们的思维和行为产生直接的影响，良好的情感状态能够将人们的思维和行为调整到积极正向的轨道上。

第二节　情绪表达的错误方式

宣泄负面情绪

如果把情绪比喻成垃圾，那么不同的人会有不同的处理垃圾的方式。有一种人会随手乱丢垃圾，这种方式会对环境造成极大的破坏，对居住在这个环境中的其他人都会产生负面影响。丢垃圾的人为了满足自己的一时之快，损害了大家的利益，同时自己也是环境的受害者。以这种方式处理情绪等同于随意发泄情绪，就如案例中的亚特，当心情不好时，他会以公开的情绪对抗的方式攻击其他人，而且经常迁怒和伤害的是自己最亲近的人。生活不如意之事十之八九，每个人都会有大量的负面情绪，但是如果遇到不顺心的事情就不分场合、不分形式、不分对象地乱发脾气，就会伤及周围无辜的人群。他人对这类乱发脾气的人通常避之唯恐不及——担心自己受伤害，给自己造成不必要的精神压力和心理负担。

还有的人宣泄负面情绪的方式不是发脾气，而是抱怨，抱怨成了他们的一种生活态度，而且这些人所抱怨的问题在其他人眼里通常不是问题。这类人所营造的氛围是非常压抑的，他们会给身处其中的其他人带来巨大的能量损耗。也许一开始，他人会尝试提供帮助以改善这种压抑的氛围，但很快会感觉自己如同身处黑洞之中，能量被不断吞噬。他们如果不尽快脱身，就会成为受害者。所以，对于这种满怀抱怨的人，大家同样希望躲得越远越好。

自我承受和消化

处理垃圾的第二种方式是，将垃圾扫到自己家的床底下，将其藏起来。屋子里表面上看起来很干净，但其实脏东西都还在家里，久而久之，自家的环境会受到影响，从而伤害居住者的身体健康。以这种方式处理情绪的人等同于将各种委屈和不满压抑在心头，默默地自我承受和自我消化。也就是说，他们的情绪对抗往往是无声的、隐性的，而不是公然地摆在桌面上的。自我消化负面情绪是非常消耗心力的，所以此类人尽管表面看起来比较平静，但有时会显得心思较重，而且会用讨好他人的方式以求尽量减少情绪垃圾的产生。总之，他们的情感反应较被动，容易被他人的情绪状态绑架。心理压抑的东西多了，时间久了，就容易爆发。人们经常会见到平时脾气温和的人，会因为一点小事情而表现得非常激动，让人不可思议，其原因就在于负面情绪积压得太多太久，已经超出了其所能承载的极限。

无论是随手乱丢垃圾还是将垃圾扫到自家床底下，垃圾都没有得到有效处理，还将对公共环境和自家环境造成污染，进而影响到个人和他人的身心健康。对于采用同样手段而管理情绪的人而言，情绪本身就构成了他们需要解决的最大问题。人们如果做不到先处理好自己的情绪，就无法将精力专注于问题本身，自然会对目标的达成产生影响。同时，与这样的人互动会给他人带来很大压力，不仅会带来负面情绪影响，还会带来很多担心和困扰——他人不能理解此类人情绪背后的原因，从而会引发各种无端的猜想。如果一件事情的处理方式产生了损人不利己的后果，那么这种方式一定是不得当的。

文化因素造成的情感误区

很多中国人都不善于表达自己的情感，这与文化因素和成长的环境有关。中国文化追求的是内敛和含蓄，认为成年人都应该管控好自己的情绪，这造成了人们在处理情感时容易走向两个极端：压抑和宣泄。大部分中国人在处理情感时存在以下两个误区：

- 流露情感是羞耻的、不成熟的、软弱无能的表现，特别是不好的情感（如紧张、害怕、害羞、悲伤、生气等），所以人们会努力掩饰自己的这些负面情绪。无论心情多么糟糕，他们都会表现出轻松没事的样子。隐藏内心的真实感受，忽略情感所传递的丰富信息，将会导致外在的行为表现与内在的情绪感受相背离。久而久之，身体能量会被大量损耗，个体也会逐渐失去自我。
- 打是亲骂是爱，扭曲真正想要表达的情感。很多人习惯于用打和骂来表达积极的正面的情感，而不会用温暖的、体贴的、关爱的语句、语调或肢体来传递情感。例如，某位主管在团队中很看好一位年轻员工，很想帮助他成长。当这位年轻人表现好的时候，主管会心里窃喜，但表现得满脸严肃；当年轻人犯了错误的时候，主管就会很严厉地管教甚至责骂他。主管认为，这时的管教和责骂表示对他的重视和培养，但年轻人完全不能接受这样的方式。这也是造成职场代际鸿沟的原因之一，即职场人士对于情感处理方式和表达方式的理解不同。

第三节　情绪表达的正确方式

现在社会倡导文明的垃圾分类方式，就是要把垃圾进行分类打包，然后按照规定放到不同的区域，以便后续做分类处理。这样的处理方式不仅能维持良好的自家环境和公共环境，而且能使所有的垃圾都得到最有效的处理，也能让资源得到进一步的利用。同样，我们在处理自己的情绪时，就要先将自己的情绪感受整理好，理解其背后的原因，然后以对方能够接受的、有助于问题解决的方式传递给对方。这种表达方式既不伤害自己，也容易被他人接受，而且也做到了打开心扉，坦诚相待。正如古希腊哲学家亚里士多德所说的："任何人都会生气，这没什么难的，但要针对合适的人，以合适的程度，在合适的时间，因合适的理由，用合适的方式表达生气，可就不容易了。"

要做到有效表达情绪，前期要做好"分类整理"的工作。第一步是了解自己的情绪感受。正如第三章"对情绪的自我意识"中所谈到的，对情绪的自我意识是提升所有情商能力的基础，因此在有情绪的时候，你首先要觉察到自己的情绪感受，并接纳自己的情绪状态。所谓接纳，就是承认情感的真实性，不对其加以指责和评判。尽管某些情感产生的原因可能是不当的，某些消极情感是不值得肯定或赞同的，但它们的存在是一个毋庸置疑的事实。情绪是不受意愿控制的，它更像人们身体内的一个气压计，是对外界刺激做出的一种真实反应。无论是正面的还是负面的情绪，都是客观存在的现实，因此在表达情绪之前，你首先要接受并坦然面对这个客观现实。

在接受自己的情感之后，你还要做的一项工作就是理解情感背后的原因。在选择打开心扉之前，你必须先进行内在的自我对话，做到理解自己的内心——静下心来问自己为什么会产生这样的感受，这种感受违背了你怎样的认知，没有满足你哪些期待，你希望看到怎样的不同。如果你不能理解情感背后的原因，那么表达很可能是不理智的、随性的、没有目的的，是不利于解决实际问题的。在对情绪充分理解的基础上，你就可以进行表达了。有效的表达要遵循以下几条原则。

用情感词汇表达情绪，勿用情绪对抗情绪

当一个人用情绪对抗情绪时，结果通常是破坏性的，根本原因在于此人还处在情绪化的状态，所展现的还是情绪化的行为。当选择用情感词汇表达情绪的时候，他的情绪状态是稳定的、理性的、冷静的。只有在稳定理智的状态下所传递的信息才是有意义的，才是具有建设性的。例如，"今天客户竞标没有成功，我心情很低落，希望一个人静一静"就是用恰当的情感词汇准确表达自己的真情实感，这种信息的传递是非常有力量的，既能触发情感上的共鸣，又能引发理性上对问题的思考。

中国语言文字博大精深，不同词语所表达的情感含义是非常不同的。例如，焦虑和担忧所表达的意思就有很大的不同：焦虑是压力下的一种自我焦急忧虑的状态，担忧是为某个人、某件事而担心忧虑。用词越精准，对自我的理解就会越到位，传递的信息就会越精准，也就越不容易产生误解。

表达情绪的同时，一定要说明原因

只有说明原因的情绪表达才是完整的情绪表达，否则你会令他人陷入无谓的猜测之中。这就要求在表达之前，你要先厘清情绪产生的原因

到底是什么。"这么重要的项目会议,你迟到了10分钟,给客户留下了非常不好的印象,这令我非常失望。"因为对方是很重要的客户,这是很重要的项目会议,所以你期望大家都能提前到场,而当有人没有做到时,你就会感觉非常失望。明确说出原因,大家就会清楚问题出在哪里,后续会努力避免同样的问题再次发生。"今天会议上大家对于不同的观点能做到认真聆听,同时勇于发表自己的意见,体现了对自己、对他人的尊重,令我很欣慰。"大家感受到的不仅是表扬,而且理解了表扬的原因是做到了聆听他人和自我表达,明白了这些做法体现的是对他人和对自己的尊重,所以大家一定会高频率重复做类似的具有积极意义的事情。

表明态度,提出期望

情绪表达除了能缓解个人情绪以外,更主要的是能够解决问题。完整的情绪表达还需要明确提出自己的期待和诉求:"这么重要的项目会议,你迟到了10分钟,给客户留下了非常不好的印象,这令我非常失望。为了不影响客户对我们的信任,我希望下一次会议你能提前15分钟到场,将所有的资料和设施准备到位。"对方在听到这样明确的期待后一定会努力做到,而且不会产生抵触心理,因为这种表达合情合理,只针对这件事情谈了感受和期望,做到了对事不对人,没有对人进行任何评价或贴标签,使人听完后感受更多的是积极的期待。所以,看似负面的情感表达,实际上却能产生积极的意义。情感有正面和负面之分,却没有好坏之分,要让负面情感产生积极意义,表达方式至关重要。当你说明了原因,表达了期望,他人就不会沉陷于负面情绪的困扰,而会拥有方向和目标,并期待能够达成你的期望。无论是对双方关系的维护还是问题的解决,这种表达方式都起到了积极的促进作用。有效的情感表达也具有传导效应，如果团队中的人都能做到情绪稳定，整个团队的氛围就会变得更加平和、积极、坦诚、开放，问题也就会迎刃而解。

如果案例中的亚特能够遵循上述几条原则，做到有效表达自己的情感，故事就会是完全不同的版本。那么，亚特该如何做，才能既表达自己的愤怒又不对家人造成伤害呢？

回家路上，亚特一路上反常地狂按喇叭，还大骂超车的司机，说明他一直都在气头上，他如果这样回家，就很难做到心平气和。他可以先去健身房出出汗，让心情平复下来，再开车回家。回到家看到女儿在客厅看电视，他需要深呼吸，让自己冷静，然后说："今天因为工作上的事情，爸爸心情不太好，我想安静一会儿，可以把电视关上吗？"这样的句式既表达了感受，也说明了原因，同时也提出了期望。女儿在看到爸爸的表情后，肯定能理解爸爸的心情，立刻会关上电视。接着，亚特可以来到厨房，面对妻子，他不需要隐藏自己真实的感受，他需要妻子和自己共同面对困境，共渡难关，毕竟奖金的泡汤会影响到家庭计划。他可以说："今年奖金全泡汤了，辛辛苦苦付出一年，落得这样的下场，真是太惨了！"他还可以通过"暴力"厨房的某个物件（如踢垃圾桶）来撒气。这种"宣泄"方式不会让妻子感觉是针对她的。看到丈夫沮丧的神情，妻子尽管也很失望，但肯定也会理解丈夫的低落情绪，并会和丈夫一起探讨如何面对客观现实，重新调整他们的家庭计划。在得到妻子的理解和支持后，亚特的心情也会慢慢放松和平缓下来。

在这个版本中，亚特用语言和非语言的方式，不仅有效表达了自己真实的感受，而且得到了家人情感上的支持。尽管他很生气很愤怒，但他很清楚自己的负面情绪并不是孩子和妻子引发的，他不能迁怒于他们。他先到健身房，通过运动和排汗来疏解自己的负面情绪，这样回到家后就可以与家人心平气和地谈话。他回到家之后，首先通过语句表达和低沉的语音语调，让女儿理解他的心情；然后在与妻子的谈话中，他不仅可以通过语句和语音语调，还可以通过肢体语言（如"暴力"厨房用品）的方式来表达自己的愤怒和不满。

心理学家艾伯特·赫拉别恩（Abbott Hrabane）曾提出一个公式：信息传播总效果=7%的语言信息+38%的语音语调+55%的肢体语言。这就表示，在日常的沟通交流中，语言信息尽管很重要，但其所传递的信息不能对人们的感受产生绝对的影响，与之配合的语音语调和肢体语言等非语言信息对人们的感受会产生更大的影响。也就是说，在与人沟通时，人们要留意的不仅是对方说些什么，更要留意他以怎样的方式说。人们的非语言信息（如说话声音的高低强弱、节奏起伏、旋律腔调，以及眼神和动作）更真实地反映了内心的情感状态，都在传递着关于"自我"的真实信息。人是身心的统一体，当一个人的语言内容与非语言信息不一致时，他人会基于此人的非语言信息对他的真实感受和想法做出判断，因为情感是100%真实的，而语言是可以进行加工的。

第四节　情绪表达情商能力对工作的影响

情商能力低的影响

情绪表达情商能力比较低的人的情绪不会轻易外露，他们与同事感情疏远，显得比较冷漠，别人很难读懂这些人内心的真实想法；他们用来描述感受的词汇比较匮乏，很多情绪感受都隐藏于内心，或是自我消化，或是以不太恰当的方式表达，从而给他人带来伤害；工作中的他们表现得比较拘谨，很难与他人在情感层面交流互动，也较难活跃团队氛围。同时，与此类人互动会给他人带来较大压力，因为别人不知道这些人内心真实的想法，所以不确定是否应该进行开诚布公的沟通，不知道哪些信息可以交流，哪些信息不应该交流。因此在通常的情况下，为了安全起见，人们在与此类人进行互动时，可能会选择比较保守的沟通方式，此类人便会经常错过一些重要信息。

情商能力高的影响

情绪表达情商能力比较高的人通常会有丰富的情绪词汇，而且善于运用非言语的表情、语调、言谈举止等表达自己的情绪感受；这些人遇事会主动去找人沟通表达，不隐藏自己的真实感受和想法，有意愿进行公开交流。因为他们容易打开心扉，心态比较开放，能与他人建立情感连接，也比较容易产生情感共鸣，以及愿意分享自己真实的想法和重要的信息，因此这类人能调动其他人的能量，对团队具有影响力，有助于改善团队沟通和决策效果，并能有效解决人际冲突。

情绪表达情商能力过高也会有风险。如果情绪过于外露，表达过于以自我为中心，表达的场合和分寸不是非常恰当，所传递的情感信息与场景不匹配，他人就会认为这样的表达太过随意，不太会关注此类人所表达的情感信息，以致情绪表达达不到预期效果。有时，其他人会认为这些人分享情感信息过多，过于频繁，甚至对于有些事情过于放不下，从而给人以应付或想逃避的感觉。

第五节　情绪表达情商能力发展策略

练习表达自己的情绪感受

如果你不太习惯于表达情绪，例如表扬团队成员的工作表现、感谢某人的帮助、对同事说出自己对某事的顾虑等，那么你可以先试着把自己当作对方，以给自己发信息的方式，练习措辞和组织语句，表达时不仅要表达情绪，还要说明原因，并提出进一步的期望。如果自己情绪比较激动，措辞比较激烈，那么这说明你的表达可能会情绪化，此时你要遵循"信息过夜"的原则，就是把信息保留到第二天，待自己心情平复下来再次阅读。第二天，你会理性地对语句和措辞进行必要的修改，再把信息发给对方，或进行沟通交流，这时你的情绪状态稳定，表达就会完整顺畅。在表达时，你可以通过观察他人的反应来推断自己的表达是否恰到好处，是否产生了预期的效果。这种循序渐进的方式不仅可以帮助你克服对情绪表达的恐惧，还能逐步地打开自己的心扉，而且随着练习的深入，你的自信心也会随之提升，在与人互动、团队会议时，你会更加应对自如，语言表现力会越来越强。

丰富自己的情感词汇

有的人的情绪感知力弱，表达情绪词汇的颗粒度很大，例如，用"感觉棒极了"来概括大部分的积极情感，用"感觉糟透了"来概括大部分的消极情感。因此，你要练习用快乐、满意、激动、放松、喜悦、感激、兴奋、热情、开心、愉悦、狂喜、畅快、欣喜、幸福、得意、痛快、满足、陶醉、自豪、欣慰、幸运、快慰、欢喜、荣幸、舒畅等来表示"感觉棒极了",用生气、愤怒、惊恐、憎恶、暴躁、懊悔、阴郁、窘迫、焦虑、恐惧、不满、害怕、妒忌、悲伤、惆怅等来表示"感觉糟透了",从而细化自己的情绪颗粒度。尝试在工作和生活的不同场景下精确地描述自己的情绪感受,理解并区分不同情绪感受的含义,可以帮助你提升情绪感知力以及情绪表达的精准度。

提高非语言表现力

人可以很理性地组织所要表达的语句,但是面部表情、语音语调、肢体语言等非语言信息受到内心情感的直接驱使,它们更真实、更可靠,所以非语言表现力所产生的影响要远远大于语言表现力的影响。如果你在表达请求时扬着眉头,声调很高,摆出一副居高临下的神态,那么无论语言组织得有多好,你都会给对方一种不太舒服的感觉。在向领导汇报项目方案时,你口头上说自己对完成项目很有信心,但微弱的语音语调和不敢直视的眼神会出卖你内心的紧张和自我怀疑。这些非语言信息在情感的传递和个人形象的建立方面都会产生很大的影响。

非语言表现力是可以通过有意识的训练得以提升的。一方面,你要用心观察其他人的非语言表达方式,把他人当作自己的一面镜子。如果他人在某个场合的某个表情、动作、肢体表现令你感觉良好或令你感觉不好,那么当身处类似的场景时,你就可以有意识地采取或规避一些动作或表现形式。另一方面,你可以进行自我观察和调整。自我观察就是把自己放到旁观者的角度,观察自己在特定场景下的表现及其产生的影响。自我观察时,你可以选择一些比较重要的场景。例如,在与上司、同事、客户面对面沟通时，在团队会议、头脑风暴等集体沟通时，你可以观察自己的眼神、表情、坐姿、语调、双手的动作、双腿的动作等，然后问自己：如果别人有这样的言谈举止，那么你会产生怎样的感受？在自我观察后，你还需有意识地对自己的非语言表现进行调整，以辅助语言更有效地传递情感信息。

恰当地进行情绪"宣泄"

如果情绪积郁较深，已经对你的思想和行为形成了侵扰，那么你可以考虑用情绪宣泄的方式来疏导自己的负面情感，但这种宣泄并不是情绪对抗，而是有意识地、有控制地向他人讲述自己的不满、委屈、郁闷、焦虑等等。恰当的情绪宣泄要选择恰当的场合、恰当的人，甚至要利用一点儿小任性的方式，把自己的情绪倾倒出来。在这种情况下，你要非常清楚，你只是把对方当作听众，而不是当作垃圾桶，不要给对方传递背负你负面情绪的压力，不可让对方和你一起陷入负面情绪当中。当倾诉结束后，你要整理好自己的心情，感谢对方的倾听，并描述自己后续会采取的积极行动。此时，对方也会明白你的宣泄只是为了放松心情、放下包袱，以便能够更好地前行。你如果实在找不到倾诉对象，那么可以用写日志、给自己发邮件等方式向自己倾诉，让自己从旁观者的角度倾听自己、安慰自己。

第五章
坦诚表达

案例：汉斯为什么要与上司"唱反调"

安德鲁是一个富有权势的商人，他拥有一家五星级商务酒店，但因为管理不善，酒店的名声和业务都日渐衰败，于是他聘用了汉斯来改善酒店的经营情况。经过分析，汉斯找出了问题的三个关键所在：酒店外观、服务质量和酒店外的应召女郎。他立即采取了整改策略，将酒店外观升级，加大员工培训力度，并严禁提供应召女郎服务。他的策略很快就起效了，几周之内，酒店的评价等级不断提高，业务也不断好转。

然而，在一个周六的晚上，汉斯接到安德鲁的电话。安德鲁说他的一些朋友因被酒店保安阻拦，没能成功入住。安德鲁在电话那头表达了他的极尽失望与懊恼之情。安德鲁还责备汉斯工作没有做好，让酒店失去了生意，然后就直接挂断了电话，几乎没让汉斯插嘴。汉斯顿时非常恼怒，认为自己的上司非常不近人情，无端指责不说，竟然不给自己解释的机会。一气之下，汉斯产生了离职的念头，但又有些不甘心，毕竟自己的努力慢慢见到了成效。

过了一会儿，汉斯冷静了下来。他给安德鲁回拨了电话，请求见面沟通，因为他担心这样下去，安德鲁对他的误会会越来越深。安德鲁同意了。见面后，汉斯首先表示理解安德鲁的立场，同时表示酒店赢利是他们的共同目标。然后，汉斯解释了为什么配备保安人员，为什么要求保安对于有可能损害酒店声誉的客人一律不准许入住。最后，汉斯说："谢谢您给我时间解释，您聘用我的目的是使酒店赢利，以实现您财产的持续升值。我当然希望您的朋友能在我们的酒店入住，让我们生意更加兴隆，但那天晚上他们醉酒的状态不符合我们入住的条件，一旦让他们入住，就会拉低已经入住的客人对酒店的印象分，也会影响后续的预订率。对于酒店而言，您这几位朋友当天不能住店是小事，而酒店的声誉和住店客人的体验是大事。另外，我们这样做也收到了非常好的效果，现在酒店的预订人数和预订率都在不断提高。我认为，我的工作没有失职，同时也不希望因为您朋友的不悦经历影响到您对我的信任。如果您仍然对我的工作不满意，那么我可以辞职，尽管我会非常遗憾；如果您认同我的管理理念，那么希望您能继续支持我的工作。"安德鲁听了点了点头说："你就是我要的经理，我会继续支持你的工作！"

面对安德鲁的强势，汉斯并没有畏惧，而是主动邀约面谈，在谈话中与安德鲁坦诚相待，表达了心中真实的想法和感受，并且明确表明了自己的态度和期望。汉斯首先表示能够理解安德鲁的做法，认同他们的共同目标，只是在如何达成目标的路径上，他希望能得到安德鲁的支持，因为事实证明他的方法是有效的。汉斯的坦诚、坚定、直率和恪尽职守不仅没有激怒安德鲁，反而赢得了安德鲁更高度的信任和尊重。

第一节　没有冒犯性的坦诚表达

坦诚表达指的是，工作中的个体可以与他人坦诚交流感受、信念和想法，并且对他人没有冒犯性。工作中掌握坦诚表达这项情商能力，有利于我们懂得如何在适当的时间，用适当的语言表达真实想法和感受，以非攻击性、非破坏性的方式合理捍卫个人权益。汉斯在与安德鲁的对话中，清晰地传递了"我不同意你的观点"的信息，但他这样做不是为了坚守自己的个性，不是为了和安德鲁一争高低，也不是为了证明自己的能力，而是为了更好地实现他们共同的目标。其实，目标是多样性的，并不只有业绩结果，体现个人的价值和意义是一种目标，实现创新是一种目标，更好地协同与协作也是一种目标。无论任何性质的目标，都不应该只满足于个人的需求，而要对团队、对组织、对更广泛的利益群体都有意义，这时候的坦诚表达就是有着积极意义的表现。

有勇气挣脱"心魔"的牢笼

我们需要坦诚表达自己的感受和观点，尤其是在与他人的感受与观点不同并且对方是你很在意的人的时候。我们内心升起的慌张、焦虑、担心、恐惧等情绪就像囚笼一样将我们困在其中，这些情绪很容易引发我们的本能的应激反应：战斗或逃跑。战斗就是用情绪对抗情绪，对方生气你会比对方更生气，最后的结果很可能是两败俱伤，双方都不可能实现目标，因为每个人都有自己的立场，都有自己的逻辑，都有自己的推理和判断，没有完全的谁对谁错。逃跑就是避免与对方进行正面沟通，避免产生正面冲突，表面上你表现得沉默且平静，背地里却独自面对内心的挣扎和煎熬。逃跑模式会直接带来几个方面的恶果：一是你的负面情绪会进一步扩大，委屈、不满、愤懑、抵触、焦虑、痛苦等情绪会相互叠加，同时加重你的心理压力；二是你的沉默变相地证明对方是正确的，这会助长对方在双方关系中的优势地位，打破双方的平衡关系，使得你在后续的互动中变得更加被动，甚至会失去他人的尊重；三是不利于问题的解决，如果你不坦然面对问题，问题就会向你不希望看到的方向发展，届时你将自食其果。

所以，如果一个人没有强大的内心世界，他就很难有外在的果敢言行。之所以强大，是因为他的内心有足够的信念去挣脱"心魔"的牢笼，能走进理性的世界，让理性的光芒得以闪耀。坦诚表达是一种选择，是理智地意识到不能表达对自己、对他人、对问题解决不利的负面影响，是为了更好地对目标负责。这种应对困难情境时所展露的坚强和勇敢，能够使得一个人无论处于怎样的困难情境中，都能够想办法全力推动事情的进展。

一个人面对不同观点或复杂局面时能否做到坦诚表达，不仅与个性特点相关，更与经验、阅历以及他所经历并成功处置过的挫折的次数存在着正相关的关系。那些阅历丰富、经历过挫折且能够从中学习的人，往往会表现得更加坦诚。也就是说，坦诚表达能力是可以在实践中通过学习、练习和总结而得到提升的。

坦然接受表达后的结果

很多时候，即使做到坦诚表达，也不一定会实现目标，但那些为了实现目标所展示的坦诚表达的行为都是高情商的表现。因为矛盾冲突的程度及复杂性不同，双方或多方在目标的共识、达成目标的路径方法、个人的期待等方面存在明显差别，谈话的进程或问题的解决确实很有挑战性。在这种情境下，你所能做的就是在尊重他人的前提下，坦诚直接地表达自己。但是，你要清楚，你不是最终的决策者，结果并不在你的掌控范围内，他人有可能不采纳你的建议。

因此，在很多情境下，坦诚表达可能对达成目标不会产生影响，但你的表达会让你感觉"无悔"。即使事情最终并没有按照你希望的方向发展，你也会心甘情愿地接受结果，甚至愿意放弃或调整目标，以满足大家共同的利益需求。

第二节　隐忍退让是自我麻痹的表现

隐忍退让是情绪使然的本能行为

有的人把隐忍退让当作一种美德，认为自己"与人为善"，多一些包容，让对方感受好一些，问题自然就会得到解决。"算了，他一向比较自我，没必要与这样的人计较。""总部负责人的话确实有道理，每家店铺如果都私自变动，就没有一致性了，还是按照总部的要求做吧，咱们就多辛苦一下吧！"也许你的心中也有这样的自我对话，其实这些对话都是你在为自己的逃脱寻找借口，是自我麻痹的心理暗示。对于隐忍，你并非心甘情愿，因为事后你会懊恼、会后悔、会指责、会抱怨，甚至会谩骂——这些负面情感既有针对自己的，也有针对他人的。如果这些负面情感是客观存在的，这就说明你内心感觉很委屈，你在忍受做出让步和牺牲所带来的后果，你虽然成全了别人，却给自己留下了痛苦。隐忍的本质是受情感驱使的牺牲品，是内心的担心和顾虑替你做出的行为选择，是情感"趋利避害"本能化的行为导向。

隐忍退让是要有限度的，如果把隐忍退让作为为人处世的原则，那么久而久之你的内心一定是不平衡的。看似心甘情愿的顺从和包容，其实积攒了许多负面情绪，只是你选择性地逃避面对自己的内心，将自己真实的情感隐藏了起来。如果你是团队管理者，那么你对外的隐忍不仅增加了自己的心理压力，还会给团队工作增添负担。团队成员也会因此而认为你是软弱的，是没有原则的，是没有能力照顾到团队成员的利益的，来自他们的不满会让你原本就受伤的心灵雪上加霜。如同其他负面情感一样，隐忍产生的负面情感积累到一定程度，也会以不合适的方式或在不合适的情境中转化成攻击形式，而这种攻击形式通常针对的是自己最亲近的人，这就是一些人在工作中十分友善，但在家里却经常易怒暴躁的原因。

隐忍退让的认知误区

有的人会给自己的隐忍寻找借口，说自己的性格就是这样的。其实，这毫无道理可言，因为每个人都是立体化的存在，都是多维度的行为风格的综合体，虽然某些行为风格在通常情况下占上风，对行为具有主导性，但这并不表明你不具备其他风格特点。情商能力是指，一个人能在不同场景中灵活调整自己的行为风格，既有利于达成目标，又能满足个人的情感需求。情商给你的性格穿上了漂亮的外衣，能让你在不同场景下展现自己不同的风采和魅力。

其实，造成人们隐忍退让的主要原因是认知上存在误区，主要表现在两个方面：第一，想对他人表示尊重，就必须弱化自己的异议；第二，坦诚说出真实的想法，就肯定会让一些人不高兴。很多时候你会发现，别人提出的观点或意见你早已想到了，你之所以没有提出来，是因为你担心这与其他人的想法不一致，担心抢了领导的风头，担心考虑不周全惹来其他人的耻笑，担心与领导的意思相违背，担心让一些人面子上过不去，担心自己表现得不合群……你也许有很强烈的目标感，但是认知上的误区使你躲进了情感的牢笼，难以自拔。情感的来源是认知，当认知有了偏差，情感自然就会被误导。

对于今天的职场人士，隐忍退让在大多数情况下是没有必要的，是需要被颠覆的。市场竞争的加剧造成企业的危机感倍增，企业需要头脑风暴、集思广益，在不同观点的碰撞中，探索最有效的方法和策略；需要团队中每个人都充分发表个人见解，在形成决议的过程中听到每个人的声音，以便在达成共识后大家都能够全力以赴地付诸实践。优秀的企业通常会从知名的学校招聘毕业生，或者从社会上吸纳行业内的资深人才，就是希望从他们那里听到有价值的声音，希望他们给企业带来智慧的碰撞，最终产生"1+1>2"的效果。如果说在传统的企业中，听话的员工才是好员工，那么对于新时代的企业，有思想、有勇气、有魄力、有担当的员工才是好员工

当然，如果在适当的场合，你有意识地选择"示弱"或"退让"，那么这完全是另外一回事，这是你为了更好地实现目标有意识地做出的选择。这种退让能真正给你带来内心的平静，无须你承担因不表达所带来的痛苦，所以有目的的示弱退让也是高情商的表现。

第三节　对事不对人的表达方式

人们经常说在职场上要"对事不对人"，这个说法很有道理。但是，

很多人对于这条指导原则有着错误的解读，认为职场中的人们都应该把情感抛到一边，只需要做好本职工作就可以了。这些人将自己简单粗暴的沟通方式美其名曰"对事不对人"，认为别人不应该介意自己的表达方式，而应该把重点放在他们所讨论的内容和要达成的目标上。所以，当别人表现出对他们的不满情绪时，这些人采取的回应方式不是倾听和理解，而是评判对方不能换位思考、不负责任和不成熟。这样的认知和处理方式既不利于提升自我表达的有效性，也不利于人际互动的有效性。

坦诚表达的前提是接纳情感

坦诚表达的本质不是忽略自己或他人的情绪感受，而是首先承认和接纳这些情绪感受的存在，之后在尊重这些情绪感受的基础上，采取理性的、既忠实于自我又不伤害他人的方式进行自我表达。虽然表达所聚焦的是问题、是目标，但前提是对他人情绪感受的关照，并且要以他人能够接受的方式进行，以避免产生攻击行为和对抗行为。所以，所谓的对事不对人，不能简单地理解为大家不应该带着感情色彩开展谈话，而是指大家在谈话时要先在情感层面产生共鸣，为谈话奠定一个理性的、冷静的、以解决问题为目标的氛围，再将谈话的重点聚焦在事情的解决上。

理性永远是在情感之后产生的，人际互动中的情感和理性如影随形，人的敏感性、焦虑感、不安全感、不信任感等情感因素都在时刻影响着人的理性思考和判断。但是，无论对方表现出怎样的情绪化，我们都不可以对其人格人品进行评价，不可以给对方贴标签，不可以对其进行人身攻击，而要始终将情感与理性剥离开来，在情感层面给予对方回应，表现出同理心，然后将谈话的重点聚焦于事情的解决上。

稳定情绪在先，表达观点在后

案例中的汉斯的表达方式非常值得学习。他其实对安德鲁在电话中的表现非常不满，但是在谈话中，他并没有围绕安德鲁的人格人品展开评论，而是首先感谢对方给他时间解释。汉斯情绪稳定的状态立刻让安德鲁意识到这将是一场理智的谈话。然后，汉斯谈到了自己之所以很珍惜此次工作机会，是因为大家都有着共同的目标，即提升酒店的声誉和赢利能力。这样的表达直击安德鲁的内心，立刻拉近了两个人情感上的距离。当在情感上与汉斯产生了共鸣时，安德鲁就会放下之前的戒备和质疑，愿意敞开心扉倾听汉斯后面所要讲的话。接着，汉斯的表达进入了理性层面，他先表明了态度，即为了酒店的声誉和预订率，他会坚持配备保安以及对某些破坏酒店形象的行为说"不"，无论这些行为者是怎样的身份。然后，汉斯提出期望，希望安德鲁不要因为朋友不悦的经历影响到对自己的信任，而且谈到如果安德鲁认可自己的管理理念，希望他能继续支持自己的工作。汉斯的表达方式于情于理都能让安德鲁坦然接受。尽管汉斯的表达完全没有迎合安德鲁的意思，但是安德鲁很清楚他的表达是有利于解决问题的，而且能增进双方的信任。

汉斯在表达自我时遵循了表达情绪、说明原因、表明态度、提出期望的表达方式，这样的表达方式不仅关照了双方的情感，而且最终锁定在理性层面解决问题，是非常有效的对事不对人的表达方式。

产生争议的是"观点"，而不是"人"

很多时候，令人们畏惧于坦诚表达的，并不是他们不知道该说什么，而是不知道该如何面对坦诚表达后可能引发的冲突，这确实是一个非常现实的顾虑。即使你能采用"表达情绪、说明原因、表明态度、提出期望"的方式表达自己的真实想法和感受，而且你也认为于情于理对方都应该接受，但对方仍然很有可能不接受你的观点，仍然可能会有抵触的情绪。此时的你要放平心态，要有勇气接受对方的失望，要接受"我不能让所有人都高兴"的客观现实，因为现实中的你确实做不到令所有人都高兴。因此，真正意义上的对事不对人指的就是：你要坚决把"事"与"人"分开，对方不接受的是你的想法和观点，而不是你这个人；你不接受的也只是对方的想法和观点，而不是对方本人。

　　如果你的坦诚表达遭到拒绝或抵触，那么你要理性地倾听对方的声音，理解其拒绝或抵触背后的原因。即使你认为对方的理由毫无道理，你也不可对他人做出任何评判，而要将谈话引导到接下来可以尝试做的事情是什么、可以设定的短期目标是什么、双方的承诺是什么等以解决问题为导向的理性层面。你如果要拒绝对方，那么也要给对方一个解释。如果对话有向着更不愉快的方向发展的趋势，你就要尽快终止对话，并承受可能随之而来的一段时间内的关系"降温"。

　　我们要知道，互相尊重的人际关系才是持久的，过于讨好他人或过度把自己的要求强加给别人都会有损于长期合作。我们还要有勇气有信心处理模糊性和复杂性，不要指望一切都是黑白分明、边界清楚、简单直接的。人际互动在本质上是寻求一种平衡，即双方利益和价值点的平衡。在自我表达时，我们其实不必受限于对方的反应，而应服务于自己的目标，同时也要兼顾对方的目标，这样我们就可以保持平衡，最终取得双赢。但这种平衡是从长远的角度来考量的，因此我们不必要每时每刻都讲求这种平衡。当然，要求每时每刻都保持这种平衡也是不切实际的。当冲突产生时，我们要以平常心对待，以积极的心态去面对，确保人们不要将矛盾的焦点转移到对人的评判和攻击，而要确保将表达的重点聚焦在问题的解决和目标的达成上。如果能做到这些，我们就会展现出非常良好的职业素养——自始至终都表示了对他人的尊重，而且非常清楚自己哪里可以让步，哪里必须坚持，也很好地坚守了对事不对人的表达原则。

避免在表达中体现攻击性

如果在表达时不能很好地把控情绪状态，你就会显得比较强势，这种强势的表达会让人感觉你过度强调了自己的目标和利益，甚至会传递出"我对你错""你输我赢"的信息；这种强势的表达还会让人感受到攻击性，甚至会让人产生压迫感和防备心理。当对方产生了压迫感和防备心理时，谈话就会具有对抗性，尤其是在对方冲动、愤怒的时候。此时，谈话双方已经不再关注如何解决问题，而会进入情绪对峙的"战斗"模式——在气势上要争个你高我低，在结果上要争个你输我赢。如果对方是个理智冷静的人，那么当观察到你已经处在失去理智的边缘时，他便不会因为你失去理智而失去对自我的把控力，他的平静状态会促使你回归理性。

当然，有些人之所以在沟通中表现强势，具有攻击性，原因确实在于过度关注自己的目标，或过于注重用自己的方式实现目标，或只想证明自己是对的。他们或将个人利益凌驾于集体利益之上，或将局部利益凌驾于整体利益之上，对其他人的需求漠不关心；或者排他性地认为自己的想法和做法是最有效的，对其他不同意见一概闭目塞听。这样的想法和做法很容易让你与他人形成对立关系，你也很容易被贴上本位的、局限的、自大的、狭隘的标签。一旦以这样的情绪状态进行表达，双方就目标或方案便很难达成共识，即使达成了表面的共识，也会在执行的过程中遇到很多"隐性"的攻击和对抗——他人会暗地里用消极抵抗的姿态来表达负面情绪和所承受的压力。

如同隐忍退让也可以是高情商一样，有些人在必要的场合会有意识地表现出强势和高压态势。任何一种情感都有其积极意义，高情商者懂得让情感为目标服务，在必要时会应用和产生强烈的情感。有些人在该发脾气时很会发脾气，使他人意识到问题的严重性，从而有效传递压力；有些人对他人的甜言蜜语很具有抵抗力，能够坚守必要的原则和底线，在大是大非面前义正词严，从而维护自身的权利。这些有意而为之的"攻击性"和"高压性"的行为，反而为他们赢得了信任和尊重。

第四节　坦诚表达情商能力对工作的影响

情商能力低的影响

坦诚表达情商能力低的人经常顾虑较多，对自己真实的感受和想法避而不谈，或者错误地认为自己不用说他人也应该理解，而且有些时候为了避免产生冲突，想的和说的未必一致。这种现象造成的原因有多种：可能是不善于表达，尤其在公众场合；可能是不希望暴露自己，以免他人对自己理解过多，从而让自己失去安全感；也可能是担心给他人带来不好的感受，产生对人际关系的负面影响。有想法不表达会给自己带来一些负面影响，例如很多好的想法得不到实施，个人价值得不到充分体现，错失一些展现自我的机会，因得不到理解认可而产生沮丧、失望、不满等负面情感。

不表达不利于人际关系的建立和问题的解决，也不利于彼此之间敞开心扉和坦诚沟通，可能会引发很多猜测和误解，从而给对方造成一定的心理压力。他人也会有意识地与坦诚表达情商能力低的人保持一定的心理距离——在团队共创或一些重大决策时，因为这类人表达不积极，他人会认为这类人对团队的贡献度不高。

情商能力高的影响

坦诚表达情商能力比较高的人能够做到坦诚相待，愿意敞开心扉坦诚表达真实的想法和感受，他们很少压抑自己的感受和想法，有什么就说什么，而且表达时能够做到直言不讳，没有过多顾虑。这种直截了当、开诚布公的表达方式有助于我们及时疏导情绪，不会因为压抑自己而消耗自身能量，也不会因为没有充分表达自己而带来误解或委屈，既有助于个人压力的管理，也为人际关系的建立奠定了开放和互信的基础。他人能直接收到这类人的信息而无须猜测，从而有意愿开展谈话和进行深入交流，使得人际互动变得简单直接高效，这对于提升沟通效率、团队共创和解决问题非常有利。当然，这类人也很注意维护自身的权益，不允许自身的权益受到他人随意的侵犯和践踏。

同时，坦诚表达情商能力较高的人目标清晰且积极主动，始终知道自己想要什么且会主动追求，并不断地为达成目标而想方设法；在行动上能够选择有效的策略推动事情进展；无论能否得到自己想要的结果，都会因为尽力而无悔。

坦诚表达情商能力过高也存在风险，比如过度强调个人主张和权益，或在会议上主导整场谈话，会给他人带来压力感、压迫感和攻击性，以至他人会选择与此类人保持一定距离，以避免自己产生不愉悦的感受甚至受到伤害。另外一种风险是，此类人的表达方式具有冲动性，不利于人际关系的建立和问题的解决。还有一种风险是，这类人因过度强调自我而忽略他人意见，显得固执己见或以自我为中心。

第五节　坦诚表达情商能力发展策略

让表达服务于目标的达成

只要细心观察，你几乎可以随处看到偏离问题解决和目标达成的表达案例。明明很希望对方帮助你，你却说对方如果太忙可以不考虑自己的要求；明明很希望对方能够做出改变，你却说对方如果不改变也可以理解；明明对方过激的言辞令你不舒服，你却说对方能这样想你很高兴。从问题解决和目标达成的角度去分析这样的表达方式，你会发现，表达者仍然处于受情感困扰的非理智层面，他们还没有走出自己的"心魔"，没有做到尊重内心真实的感受。这样的表达方式不仅徒增了表达者个人的自我厌弃和懊恼情绪，而且加大了问题解决的难度。因此，你要在表达时想清楚自己表达的目的是什么，然后思考如何表达才会有利于目标的达成。

转换情感背后的观点认知

大家可能都有过这样的经历，有些人故意不好好说话，认为"根据岗位职责""根据公司流程""根据财务政策""因为我是上司""因为那是客户"等，对方就应该给予支持，给予帮助，给予理解，就应该按照自己说的去做。此类表达不仅没有表示出对对方应有的尊重，还会在对方没有按照你的要求做出反应时让你产生负面情绪。

人们过于关注希望对方如何做，而忽略自己要如何做才能"赢取"对方的支持。没有任何事是理所应当的，每个人在工作中都有很大的自主性，每个人会基于个人目标和优先顺序分配时间和精力。对你而言很重要的事情，在对方那里可能很不重要。对方表现出的不合作可能并不是刻意地反对你，而是有着他们自己的目标和任务。即使对方有义务、有责任配合你，但如果从你的表达中感受不到尊重和价值，那么他们也会找一堆不合作的理由。所以，要提高坦诚表达的情商能力，你就要客观地面对现实，没有人会认为自己就应该做什么，就像你认为自己不应该为他人做什么一样。如果能够改变自己的观点认知，那么你的心态会平静很多；如果以真正尊重对方的心态，通过表达去争取对方的理解和有利于你的选择，那么当对方做出努力时，你的内心也会感激不已。

为表达设立规则

人们的大部分恐惧源于对通常不会发生的不良后果的过分夸大。在之前的多次压抑自己的场景中，如果你能与他人分享和交流，那么会出现什么不一样的结果呢？大多数的结果应该是令人满意的。因此，如果再发生类似压抑自己的情况，你就会做出改变，为自己设定表达的规则；如果发现自己当时没有表达清楚或没有表达到位，你就要再次创造机会让自己做到完全充分的表达，并确认对方的理解与自己想要表达的内容一致。

如果对于直接表达没有信心，那么你可以先把要表达的内容写下来并整理好思路，然后再练习表达，而且要长期、多次练习以达到表达自如的状态。在表达时，你要关注自己的肢体语言、语音语调、面部表情和措辞，通过观察他人的反应来判断自己的表达是否恰当。

如果你有过度表达的倾向，或你的表达存在攻击性的一面，那么你也要为自己设立规则。例如，在会议中，只有轮到你表达意见时，你才能发言；你如果无意中打断他人的发言，那么要向被打断的同事致歉并保持沉默。

以正确姿势与上司"唱反调"

有些人会采用非常有效的策略向上司表达不同意见，他们掌握了与上司"唱反调"的正确姿势。这种正确的姿势主要体现在以下四个方面。

- 寻找适当的场合和情境。这些人不会等到反对的关头才表示反对，而是在恰当的时机（如上司心情不错的时候）多次地与上司沟通不同意见，并商量如何应对分歧。
- 让上司确信彼此的目标是一致的，只是在达成目标的方式和策略上有所不同。如果他们与上司拥有共同的目的，那么他们会坦率地向上司陈述自己的想法。因此，当他们达成目标的方式与上司不一致时，上司也能对其表示理解。
- 在提出异议前表示对上司的尊重。他们能够找到一种方式让上司相信他们是尊重上司的。这种尊重会让上司放下防御心理，因此他们在向上司提出异议时便能够坦诚阐述了。
- 请求并获得许可。他们会与上司约定，在有意见分歧的时候，彼此说出自己的想法。请求许可是对上司表示尊重的最有力的方式，也能避免无谓地激怒上司。

第六章
独立性

案例：刘丰为什么带团队失败了

刘丰一直是公司的销售明星，他性格开朗外向，人缘很好，目标明确，执行力非常强。去年，在上司的举荐下，他被提拔为区域经理。

被提拔后，刘丰面临的最大挑战就是要独立决策，尤其是当销售业绩出现下滑时。因为十几位团队成员的想法很不一致，无论刘丰做出怎样的决策，都会有人不满意。这很让以人际关系为导向的刘丰感到痛苦，导致他在决策时总是犹豫不决。他希望现在的上司能够和原来的一样，明确告诉他接下来该做什么，他最擅长的就是按照上司说的把结果做出来！

一段时间以后，区域销售业绩一路下滑，团队的离职率开始上升。人力资源部在进行离职访谈时发现，团队成员怨声载道和士气低落的主要原因是，刘丰一味迎合大家意见，个人没有主见，对于如何实现目标的业务策略不清晰，导致团队没有统一性，团队成员的积极性大大降低。在人力资源部与刘丰反馈访谈结果后，刘丰反而对愈加不确定了，不知道大家到底希望他怎么做。

刘丰在情感上对上司有着较强的依赖性，当需要他独当一面时就感觉压力很大。同时，他对团队成员的情感依赖性也很强，希望所做的决定让每个人都满意，否则自己就会很不安。做到让每个人都满意是很难的，这也是造成刘丰和团队成员都感觉无所适从的原因所在。

第一节　情感独立性

情感独立的人遇事有主见，做决定时不依赖于他人的感受，并且愿意为自己所做的决定负责。他们能够自主判断，果断行事，尤其是当指导性意见有限、需要做出困难决定的时候。

很多人抱怨自己工作勤勤恳恳、兢兢业业，上级的指示完全照办，但似乎并不能得到领导的赏识；可是，有些人看起来没有那么努力，也没有那么踏实肯干，却能得到领导的重视和重用。其中的原因可能是多方面的，但一个非常重要的原因就是独立性方面的区别。如今，独立性是大部分企业在选拔人才时越来越看重的一项能力。

人应该是独立的，正如独立行走使人脱离了动物界而成为万物之灵。作为具有社会属性的个体，每个人都有需要履行的职责和义务，都有需要承担的责任。如果你不承担责任，那么责任势必会转嫁到他人身上，他人就成了你倚靠的"那堵墙"。如果没有了那堵墙，你会感觉没有了依靠，会感觉紧张、慌乱、不知所措，无法应对各种各样的压力。其实，你并不是不具有独立思考和判断的能力，只是在考虑到独立思考和判断可能带来的后果时，你的内心充满了各种焦虑和恐惧——你被"心魔"绑架了。

如果单纯地分析事情应该怎么做，那么很多人还是能看得比较清楚的。现实工作中有很多人不做决定，不主动承担责任，其背后的情感原因就是担心做错事，担心说错话，担心别人不高兴，担心破坏现有的人际关系，害怕别人看笑话，害怕别人不配合，害怕别人的挑战，害怕各种风险……他们被各种担忧、各种迎合、各种可能存在的冲突钳制不前，以至妥协压倒性地战胜了理性，令他们主动放弃了自主选择。或者在决策和行动时，他们过多地遵照他人价值和道德规范行事（集体思维模式），让他人的意见左右自己的决策。

那些不做决定的人都在等别人替他们做决定，因此他们不用承担任何因选择失误而导致的责任。最出色的职场人士都是极其独立的。太过于迎合他人意愿的人，可能会被各方利益的冲突、工作进展不顺利或因害怕得罪人而不敢做出决定。所以，独立性是一种选择，是体现勇气和果敢的自主选择。正如案例中的刘丰，尽管作为销售人员业绩出色，但在带领团队时因过多受情感因素制约，难以承担独立决策的责任，不能给予团队明确的目标和方向，不能给出统一的行动指导，最终团队成员离职，团队业绩下降，公司失去了他所在区域的竞争力，损失巨大。总结起来，情感独立性主要体现在以下三个方面：有主见、敢行动、勇担当。

有主见

有主见指的是"我的事情我做主"，能够发挥自我主导性，遇事主动思考解决策略，对于问题有自己的想法，对自己的意图有充分的了解，清楚自己想要达成的目的。对于今天变幻莫测的商业环境，有主见对于胜任岗位至关重要。有人曾经做过这样的比喻：同样是一位领导带领100位员工的团队，在传统企业里，这个团队只有一个大脑在工作，其他100位员工完全听令行事；而在现代企业里，有101个大脑在工作，每个人在工作中都必须手脑并用，每个人都要参与到企业的经营和决策中来，只有这样的企业才有可能在激烈的竞争中胜出。

当然，独立思考并不是独自思考，形成主见可以是一个人思考的过程，也可以是与他人共创的过程。并不是所有的时候每个人都有主意，或者对自己的主意十分笃定。当拿不定主意或犹豫迟疑的时候，独立性强的人会主动寻求他人的建议和意见，会在与他人沟通的过程中进一步澄清自己的目标和想法，思考最有效的解决问题的策略。在此过程中，有一点非常重要，即独立性强的人向对方寻求的是建议，而不是寻求他人的决定。寻求建议和寻求决定具有两种完全不同的目的，寻求建议是严谨务实的表现，其目的是在决定前从多个维度、多个视角了解情况，以帮助自己做更好的决定；寻求决定是一种逃避的表现，其目的是把做决定的责任推卸给他人，以摆脱自主决定的压力。

敢行动

一旦有了想法，明确了目标和路径，独立性强的人就会敢于行动。此时，他们决心已定，会摒除各种可能对自己形成干扰的噪声，努力达成自己预期的结果。当然，他们不会一意孤行，而是会倾听、会思考、会辨识、会对决定做必要的调整——这一切都是他们自主的行动，而不是被动接受他人的决定。

敢于行动意味着有勇气面对各种质疑和挑战。对于同样的事情，不同的人会有不同的想法，那些没有勇气做自己想做的事的人，在别人做事的时候可能抱有各种质疑和挑战，因为在情感上他们并不愿意接受自己的懦弱或无能。所以，敢于行动并不是鲁莽行动，而是在行动前已经做好心理准备，以有效应对可能遇到的阻力。有些人在刚入职场时意气风发、敢想敢干，但是时间久了就变得越来越"入主流"，其中一个主要原因就是，工作过程中受到的打击和挫折让他们感觉敢于行动付出的代价过大，最终不得不选择放弃。

随着现代企业管理的不断进化完善，组织文化的开放度和包容度越来越高，再加上市场竞争加剧，创新成为组织生存的根基，而有主见敢行动是创新的核心要素，所以独立性对组织的价值被大大提升，是组织倡导、鼓励、激发的工作态度和行为模式。

勇担当

勇担当是勇于为自己的行为和决策承担责任，是责任感的体现。例如，上司去国外休假了，项目过程中出现突发事件，需要有人决策。你对这个项目最了解，对于如何解决问题也比较有把握，但是上司休假前并没有任命你接替他的工作，那么接下来你该怎么做呢？你可以选择等待上司的回复，但这样会延误时机，会造成项目工期推迟和各种资源的浪费；你也可以自主决策，相信自己的综合分析能力和判断力，但你如果选择自主决策，就需要承担决策所带来的风险和后果——没有任何人有100%的把握办好某件事，一种决策可能伴随着各种可能的问题发生。勇于担当就是对发生的任何事情主动承担后果，这种情况下你会做出怎样的选择，便是独立自主能力高低的最好评判。

关于责任与担当的重要性，著名企业家洛克菲勒说过："一个企业所缺少的并不是能力特别出众的员工，而是有强烈担当精神、时刻把担当和使命记在心头的员工。"[1]没错，对于一个企业来说，人才是重要的，

---

[1] 洛克菲勒.洛克菲勒写给儿子的38封信[M].梁珍珍，译.苏州：古吴轩出版社，2015.

但更重要的是，为了集体的利益真正具有担当精神的人才。一个具有责任与担当的员工，往往对自己的工作充满着热情。凭着热情，该员工会把枯燥乏味的工作变得生动有趣，会在遇到困难和挫折时积极主动地想方法，会成为正能量中心。这种热情能激发自己和他人更好地开发潜能，能为个人、为组织创造更加优秀的业绩。勇于担当是胆识和魄力的体现，是勇气和智慧的结合体。如果说"有主见"是思考的能力，"敢行动"是行动的能力，那么"勇担当"就是体现决心、意志和责任感的精神状态。

虽然职场失意原因各不相同，但怀有打工心态是职场人士致命的"毒药"。俗话说，"什么样的心态造就什么样的人生"，打工者心态就是只用手和脑工作，而不用心工作。如果一个人在工作中不投入情感，那么可想而知，他眼中看到的都是困难和挑战，都是麻烦事和心烦事；工作中的他充斥着负能量；他能接受自己平庸的表现，因为他的目标就是差不多就行。身处快速发展、竞争激励的商业环境中，每一家优秀的企业都非常强调担当精神。责任担当就是对自己所负责的工作恪尽职守，并承担相应的后果。对于企业而言，员工的责任感比能力更加重要，因此没有做不好的工作，只有不担当的员工。

纵观现代职场，那些发展最快、成就最高的员工，往往都是强调负责任的行为、负责任的态度，责任承担最彻底，执行任务最出色的人。遇到问题，他们不仅不推卸责任，而且还主动承担。他们为着心中的理想与信念而工作，面对困难坚持不懈，面对成功依然冷静，面对绝境毫不放弃，在工作中体现出来的是积极、主动、负责的精神。在职场中，有些人等待组织给自己发展的机会，而那些出色的职场人都是自己创造发展的机会，在工作中充分展现自己的能力，从而在一群人中脱颖而出。另外，现代职场非常讲究分工合作，如果某人自身具备强烈的担当精神，就算他能力稍有不足，那么他最终也可以通过与其他同事的合作实现组织的目标。

只有一个人从心底改变了自己对承担责任的认识，意识到承担责任不仅是对企业的一种使命，也是对自己的一种负责，同时能感受到自身的价值和受到的尊重及认同，他才能从责任中获得极大的满足，感受更多的快乐和幸福。独立性强的人之所以不愿意放弃对自己思想、情感和行为的主导性，是因为他们相信在解决各种"利益冲突""不顺利""得罪人"的过程中，个人会成长得更快。对组织来说，拥有这样的员工，也是持续健康发展的有力保障。

第二节　情感依赖性

依赖性是一种从众心理

有些人没有主见，容易受到他人意见的影响，会试图迎合更大群体的认知。有一项题为"群体压力对判断的修改和扭曲的影响"的著名研究发现，在现实工作和生活中，没有主见的人大量且普遍存在。

在此项研究中，研究人员将参与测试的人分为五到六人一组，每组中有一人是真正的受试者，其他人都是由实验人员充当的受试者，但那位真正的受试者被告知小组中其他人的身份和他是一样的。研究人员给每组人员展示三条线，然后要求每个人大声回答三条中哪一条最长。充当受试者的实验人员被告知要一致回答"A线最长"，但其实很明显C条才是最长的。真正的受试者被放在最后一个位置回答。研究人员感兴趣的是：面对群体压力，受试者会给出怎样的答案。你可能会说，自己如果是那位受试者，就一定不会被他人操纵，一切靠事实说话，既然C线最长，一定会回答C。但实验结果并非如此。当其他人都非常自信地说A线最长时，很大一部分受试者放弃了自己的想法，选择与小组其他人都一样的回答——"A线最长"，而且无数次的实验证实了同样的结果。

这种行为就是一种情感依赖的行为。情感依赖是指更多地相信别人的看法、判断和见解而不是自己的，体现的是"从众心理"或"集体思维"。正如"皇帝的新装"故事中所讲的，大部分人都看到了皇帝"非常漂亮的新装"。

依赖性体现消极被动的心态

依赖性的主要特质是，依赖他人的感受和想法决定自己的行为，甘愿将自己行为的支配权交由他人主宰。依赖性强的人的行为特点是没有主见，缺乏自信，甘愿听从他人。他们遇到问题时自己不去动脑筋，而是努力寻求可以依赖的对象，渴望有人能明确告诉他们接下来该如何做，然后坦然地按照他人说的去做。如果做错了，那么他们完全不用承担责任，因为是别人让他们这样做的，有错误应该找那个人。所以，依赖性有很诱人的回报，即自身没有压力，没有包袱，不需思考，也不用承担责任。一旦形成依赖心理，人就会变得消极被动，不仅影响个人独立人格的完善，制约其积极性和创造力，而且会给被依赖者带来很大的心理压力和负担。

第三节　独立性情商能力对工作的影响

情商能力低的影响

独立性情商能力低的人在工作中将自己定位为"支持者""追随者",希望由其他人承担做决策的责任和风险。他们强烈渴望与他人合作,在合作的过程中需要他们做决定时,他们会倍感焦虑和压力,常常会寻求他人的指导意见,甚至寻求他人的决定。他们担心做出的决定令一些人不满意,会破坏和谐友好的工作关系。同时,这些人在情感上也渴望得到他人的认可,如果没有得到认可,那么他们会对自己的表现很不确定——他们对自我的评价依赖于他人如何评价自己。他们会抵制或不适应独立性较强的工作。

对于一个无法自由思考和行动的人,其他的情商能力优势将很难展现。独立性情商能力低的人有着比较典型的从众心理和集体思维,愿意随大溜,个人思想、感受和行为易受同事、上司和其他人的影响——其他人感受好,他们感受就好,其他人同意,他们就同意。虽然遵从他人的决定会被视作卓越的团队合作者的标签之一,但代价是他人会认为这些人没有思想和主见,只能具备附和者和追随者的身份,不能担当重任。

情商能力高的影响

独立性情商能力高的人通常愿意并能够选择自己的行动路线,希望自我引领、自主思考和自我行动,情愿追求自身想法和行动路线,也不愿被动地接受他人意见或听从他人安排。他们做决定无须获得他人的指导或肯定，愿意自主承担做决定的风险及所带来的后果，即使有时会遭到他人反对。而且，当信息模糊或信息有限的时候，他们也能够自主决定并自行其是。他们将独立决策和自主行事视为岗位应该承担的职责和责任。

独立性情商能力高的人可以自由思考和行动，但是独立性情商能力过高也会存在风险。独立性情商能力过高的人会因为过度关注个人想法和感受而显得太过自我或傲慢离群，不能融入团队，心态不够开放，对其他人的想法和意见关注不够，可能会忽略团队沟通与合作，也缺乏为他人提供支持的力度。组织如同一张复杂交织的网，在这张网中，如果一个人太过于主张自我，一意孤行，与相关人的沟通交流不够充分，那么他势必会给他人带来不好的感受，会对人际关系的建立产生负面影响。

第四节　独立性情商能力发展策略

除了前文中谈到的有主见、敢行动和勇担当之外，还有一些具体的做法可以帮助你提升独立性情商能力。

找到依赖性的模式

人不可能百分之百地依赖别人，一定是在某些特定的情况下才产生情感依赖的。那么你要怎样辨识哪些是依赖性模式呢？你需要对自我进行观察和反省，回顾自己之前做出的决定，把它们分成两列：一列是你自己做出的决定，另一列是听从别人的决定或根据别人的指导意见做出的决定。你先得寻找每列中的共性和差异，然后思考：在怎样的情况下自己容易做出决定？在怎样的情况下倾向依赖于他人的意见？对他人情感依赖的背后的原因是什么？哪些观点和认知需要做出改变？

你还要倾听内心的声音，感知"听从他人决定"背后的情绪感受，辨析并精准描述心里的感受，例如恐惧、担心、焦虑、害怕等等，然后思考自己为什么会有这些负面情感，内心渴望得到什么。在通过倾听内心声音，理解了情绪产生的真正原因后，你就需要反思：为了长远更好地自我发展，当下依赖他人的想法和做法是否需要改变？是继续受困于当下情感的制约，还是要勇敢地走出"心魔"的牢狱？

改变询问的方式

是否有人告诉你向他人寻求意见过多过频繁？是否有人经常对你说"该怎么做，你得自己动一动脑子"？有时候，人们会用语言告知你的依赖性过强，更多的时候他们会通过肢体语言表达出来，例如滚动的白眼珠、叹息、不耐烦的语气等。当再次产生自我怀疑想要问别人"我该怎么做？"时，你需要停下来问问自己"我想怎么做？"，尝试自己做决定。如果你对自己的决定没有把握，那么你可以询问他人"我决定这样做，你觉得怎么样？"。这时，你主动承担了做决定的压力，他人一定很乐意给予你意见或建议。

从"我该怎么做？"到"我决定这样做，你觉得怎么样？"，句式的转变意味着思维和情感模式的转变。从寻求别人为你做决定，到自主决定后寻求意见，做决定的主体发生了改变——你体现出了一定的独立自主性。

自主解决问题

提升独立性情商能力，需要你主动面对问题，勇于触碰问题，还需要你有"我能行"的心理暗示。处理问题的过程一定不会一帆风顺。你如果面临的是很复杂的重大的挑战，那么可以把大问题分解成一个个小问题，分析你可以自主解决其中的哪些小问题，先拿这些小问题开刀。一旦采取行动，你会发现其实你可以做更多的事情，可以解决更多的问题，你所能做到的可能是你之前没有想到的。你会发现，就是在这样跌跌撞撞的独立面对、独立处理问题的过程中，你的情感耐受力会变得越来越强，你没有想象中的那样脆弱。

独立性情商能力的提升可以帮助一个人更好地接纳自己。很多人之所以不接纳自己，是因为自己并没有做出什么自认为有价值、有意义的事情。独立决策和自主解决问题能力会大大提升一个人的自信心，会强化一个人的价值感和成就感——你在心理上会产生一种踏实、有力量的感觉，会享受到因独立自主所展现的真正自我的愉悦感！

找到学习的榜样

为了提升独立性情商能力，你还可以找到一位你认为在独立性方面做得很好的人作为榜样，观察他是如何以他人能够接受的方式表达自己独立的主张或见解的；他的肢体语言、语音语调、面部表情、表达方式等有怎样的特点，其他人是如何反应的；当其他人不认同他的观点时，他是如何反应的；当他与其他人产生分歧时，他有怎样的反应，其他人有怎样的表现；他的独立自主性有没有影响到与其他人建立关系。只要你持续不断地观察，你的一些固有的认知和局限性思维就会被打破，甚至被颠覆。"眼见为实"，感官冲击会帮助你的大脑画像——你自己也可以用类似的方式展现和表达自我。"看到"即能做到，会让你有力量在现实中不断走出舒适区，不断提升独立自主的能力。

公开做出承诺

如果提升独立性对你的工作非常重要，那么你可以给自己施加一点压力，以公开告知的方式，告诉他人你将是某事的最终决策者。当做出公开承诺时，你就不可能再去寻求他人的决定，无论遇到什么情况，你都需要独立面对。如果想给自己更大的压力，那么你还可以告知大家问题解决的节点时限，以避免自己拖延。大家如果都知道你是主要决策者，知道了解决问题的时间节点，就会在信息收集和资料整理等方面主动配合你，但是不会替你做决定。

此时，你不可能随波逐流，因为你将成为"主流"。你会听到群体的声音，但你不能被各种声音淹没，你要在嘈杂中听到自己的声音，并最终发出自己的声音。你需要平衡各种关系和利益，平衡长期和短期目标，给予他人明确的指引和方向。一旦做出决定，你还需要在对他人表示尊重的基础上对他人提出明确的要求和期望，需要用行动和结果给大家以希望和信心。当做到这些的时候，你会发现大家并没有因此与你对立，相反会对你的勇气与担当刮目相看。

培养忍受孤独的能力

独立性强的人都是能够忍受孤独的人。忍受孤独并不是让你孤立于团队或群体之外，而是说你要拥有自己创造独立思考和感受的空间。在职场上，只有拥有自我思考和感受空间的人，才会形成自己独特的见解和决定，这个空间未必是物理上的，也可能是心理上的和精神上的。要学着享受独处的时光——不依赖别人，不依赖某种东西和行为，因为独处会帮助你更客观地认识自己，帮助你形成独立的人格。

第三部分

人　际

情绪和社交功能

自我认识
- 自我肯定
- 自我实现
- 对情绪的自我意识

自我表达
- 情绪表达
- 组织表达
- 直立性

压力管理
- 灵活性
- 抗压能力
- 乐观

决策
- 解决问题
- 现实检测
- 冲动控制

人际关系
- 同理心
- 社会责任感

情绪智力

康乐　绩效

人际

第七章
人际关系

案例：李义如何化解了上司的误解

李义在巨峰电子工作8年了，是公司的生产负责人，亲身经历了公司从衰落到兴盛的过程。在公司最艰难的时候，吴明加入并担任公司总经理。吴明之前一直从事个体经营，没有管理过像巨峰电子这类规模化企业，但他在当地人脉广，影响力颇高。吴明上任后，将绝大部分时间都用在社交和谈业务上，很少过问公司内部的事情。在吴明的努力下，公司的业务在短时间内确实有了起色，这让李义感觉很欣慰，也使他对公司的发展充满了信心。

这天，李义正在生产线上安排工作，助理小陈突然慌慌张张地跑过来说："领导对不起，前天总经理打过电话，要把现有生产线全部改成生产A公司的产品，他承诺对方三天发货。我把这事给忘了！刚才总经理又打了电话，在得知还没有生产时，大发雷霆，说我们在有意和他作对，问我们是不是不想在这里干了。实在太抱歉了，都是我的错，您看现在应该怎么办？"李义听后也非常紧张，但事不宜迟，他赶紧安排生产线进行调整。布置妥当后，他回到工位，泡了杯茶定了定神。

吴明做总经理快一年了，不但很少开会，也很少与管理层沟通。李义决定借此机会与总经理谈一谈。他来到吴明的办公室，开诚布公地说："吴总，首先我代表生产线上的员工们感谢您，自从您来到公司，公司业务有了很大的起色，大伙都感觉又有盼头了。关于A公司那批货，刚才来之前我已经安排生产线进行生产了，两天后一定会出货，如果交货有延迟，那么还得麻烦您向客户解释一下。这批货之所以被耽搁，是因为近期工作比较忙，助理小陈接到您电话后忘了告诉我。今天您打电话过来，他才知道他的过失有多么严重。因为这里有误会，您生气我也很能理解，我也对耽误生产表示非常抱歉。吴总，我知道您在市场和客户方面的压力很大，生产线上我们一定会全力配合，后续我也会主动与您保持沟通交流，相信以后这样的事情不会再发生！"吴总听后连忙说："原来是这样啊，那我也要向你道歉！"

李义在与吴明的关系建立上体现了高情商。吴明的优势和劣势都非常明显：优势就是市场开拓和维护客户关系，劣势就是缺乏企业管理和带领团队的经验。李义在与吴明互动时充分肯定了对方的优势——突出了吴总对于企业的价值，同时又主动用自己的优势弥补对方的不足，表示有信心有决心和对方一起把企业经营好，让吴总感受到来自团队的力量。李义的举动体现了对不同类型人的包容，也体现了接纳不足的胸怀。

第一节 互惠互利是建立人际关系的基础

谈到人际关系，有的人会说搞关系谁不会啊，不就是吃吃喝喝联络感情吗？其实，这种关系并不是真正意义上的人际关系。建立人际关系并不是指要成为好朋友甚至称兄道弟，这样的关系反倒会给工作带来困扰——一旦一方犯了错误，或一方对另一方的表现不满意，这种关系便很有可能会土崩瓦解。真正意义上的人际关系是互惠互利的双方满意的关系，建立人际关系的过程就是一个相互提供价值的过程。也就是说，你能够提供对他人有价值的东西，同时能从他人那里获得自己真正需要的东西。管理学大师彼得·德鲁克讲过一段经典的话：如果不能有所成就，就算我们能与人和谐相处，愉快交谈，也没有什么意义，因为这种"和谐相处，愉快交谈"恰恰是恶劣态度的伪装；反之，我们如果能在工作上取得成绩，那么即使偶尔疾言厉色，也不至于影响人际关系。真正有效的人际关系是对别人有价值、对别人有帮助、对彼此达成绩效目标有所贡献的关系。

建立关系需要输出价值

建立有效的人际关系首先需要评估他人的目标、价值观和理念，了解他们的工作目标，他们所承受的工作压力，他们真正关心在意的事情，他们容易对什么事情抱怨指责，以及他们需要什么帮助。例如，公司清晰的愿景目标和战略方向，对那些渴望与公司共同成长的人而言就是很有价值的；提供与高级专家共事的机会，对希望走专精路线的人而言就是很有价值的；按公司的核心价值观办事，对于做人做事讲求原则的人来说就是有价值的；为他人提供建设性的反馈意见和建议，对自我成长有要求的人来说就是有价值的；在他人遇到问题时伸手相助，创造在公司高层面前的曝光机会，急他人之所急迅速做出回应，主动提供有价值的信息，等等，都是对他人而言很有价值的行为。上述列举的价值点看似各不相同，但可以简单分为两类：一类是对直接完成工作有价值的，一类是满足情感需求从而对其工作具有激励性质的。但是，二者之间并不是截然分开的，而是有着密切的关联。

有很多人不主动与他人建立关系的原因在于，他们认为自己并不拥有那些被其他人看重的东西，也就是自己不能够为他人提供价值。有的人说自己的能力不足，优势很少，能提供的价值点非常有限。其实，价值包括很多方面，对他人表示认可、表示感激、表示尊敬，做一名好的听众，会议上对他人一句中肯的反馈，项目节点延迟时的理解与宽容……这些看似很小的事情，都能够满足别人的某种需求，即能够为对方提供价值。另外，与他人团结协作并保持工作目标的一致性、分享在技术方面的进步、分享客户信息等，也是你完全可以做到且对他人有价值的。记住：你不能满足所有人的所有需求，但你一定能够在一定程度上满足某人在某一方面的需求，因此你要进行客观的自我评估，发现自己的优势，并基于优势不断提升和输出自己的价值。

建立关系需要接纳不同，而非改变他人

每个人的目标、优劣势和需求不同，对价值的评估也会不同。但是，在大多数情况下，人们不会对这些客观现实进行分析，而会理所当然地认为自己所关注的就是别人应该关注的。有些人常常简单地以为，大家在同一家企业工作，利益应该是高度一致的，没有也不应该有什么差异。他们一旦发现同事和自己的想法不一样，或者发现他人不按自己心目中的最佳方式做事，就会感到意外和愤怒。他们不理解部门、团队及个体之间确实存在分歧这个客观现实，只是一味地指责他人能力太差或太过自我。例如，公司对市场、销售、研发、生产部门的考核指标各有不同，关键任务和任务的优先顺序自然就会有所不同了。

当然，也存在着这样一些人，他们知道对方在意的是什么，但就是

不愿接纳对方，认为对方与自己的价值观完全不符。此类人更愿意选择去改变对方，而不是去接纳不同。建立关系中"价值交换"的前提是，接纳对方与自己不同，有意愿用自己的资源来满足他人的需求，同时也能利用他人的资源来达到自己的目标，实现互利共赢，而不是去改变他人，或者寄希望于他人能自主做出改变。有这种想法的人每每都很失望，因为对方不仅没有意识到自己的问题，对于你指出的问题，他们经常表示坚决反对，更不要谈他们会主动做出改变了。这就是在人际互动时人们经常面临的尴尬局面，最后双方都各执一词，就问题和行动很难达成共识。其实，每个人都是不同的，每个人都不需要也不会完全按照他人所设定的标准去工作和生活。要想建立人际关系，接纳和尊重差异化的个体是重要的前提。当然，如果他人的需要违反了组织的价值观和伦理道德，则另当别论。

在建立人际关系时，你还必须做好思想准备——即使你认为自己在为他人提供价值，但他人未必会与你建立关系，建立关系与否取决于对方的选择。因为每个人都有自己的工作目标和重点，而且每个人的时间和资源都是有限的，能力也是有限的，每个人对价值权重的评估标准各不相同，因此他人会基于自己目标的优先顺序选择与你建立或不建立关系。如果他人选择不与你建立关系，那么你要坦然接受这样的客观现实，而不是自我贬低或产生怨恨。

第二节　与上级建立关系

职场上大家都很清楚的一件事情就是，上下级关系会影响到一个人在工作中的成就感和职业发展。职场中影响个体绩效的第一人通常不是自己，而是上司。上司会基于对你整体印象的好恶进行评价，如果上司不认同你的为人或做法，那么即使你付出再多努力，也很难得到上司认可，从而影响到组织对你的价值的认可。每个人心目中对理想上司的憧憬应该是很类似的：既能站高望远又能脚踏实地，既体贴周到又有敏锐的洞察力，既对员工充分赏识又能委婉纠正错误，既能充分授权又不放任自流，等等。然而，这样完美的上司只存在于想象中。要想与上司建立关系，你首先必须接受的客观现实是：与其他人一样，上司也是普通人，不是完人，他们不可能永远比下属聪明和成熟，他们没有掌握百科全书般的渊博知识，他们更没有未卜先知的超能力，他们也不是天生想与任何人作对的人，他们有自己的压力和难题，在做决定时需要平衡众多因素，无法让每一位下属都满意。

有些人总是盯着上司的不足，诟病上司的各种无能或不当行为，例如上司"手伸得太长"，没有规划，不会授权，工作不抓重点，等等。这些人还会将自己工作上的诸多不顺归因于上司的管理问题，甚至会公开挑战上司的权威。这些人已然把上司当成了敌人，当成了他们前进道路上的"绊脚石"。而一旦上司感觉到下属潜藏的或公开的敌意，他就会对下属失去信任，其行为也会变得敏感且具有对抗性。不难想象，这样的上下级关系很容易将工作中常见的观点冲突升级为难以调和的人际冲突。

与这些所谓"追求完美上司"的人不同，还有一些人对待上司一味地忍气吞声，绝对服从——无论上司做出多么愚蠢的决定，他们从不表达不同意见，他们的工作原则是与上司保持步调一致。还有另外一类人，只做好属于自己职责范围内的事情，总是与上司保持距离，从不思考上司的目标和压力，很少站在上司的角度思考问题，他们很少给上司添麻烦，但也从不为上司排忧解难。在大多数上司的心目中，这两类人都不会受到真正的赏识和信任。

变革管理大师约翰·科特（John Kotter）对如何影响上司做过研究，他发现那些能够与上司建立信任关系的人都遵循以下几条原则。[1]

发挥上司的优点

帮助上司取得成功是职场精英人士的隐形工作目标，这些职场精英思考的不是如何管理自己的上司，而是如何协助自己的上司取得成功。协助上司的第一条原则就是充分发挥上司的优势，而不总是看到上司的不足，因为人只有充分发挥自己的优势才有可能成功。有的下属很有天赋和才华，有的经验和阅历非常丰富，相比较而言，他们的上司在这些方面会逊色很多，但此类下属从不用自己的优点和上司的缺点做比较，他们会去发现上司之所以能够成为上司所具备的独特才干和优势，会尊重和认可这些才干和优势不可替代的价值，并创造机会让上司充分发挥这些价值。就像前文案例中的李义，尽管他的上司吴明在企业内部管理方面存在明显的不足，但是李义尊重和认可上司在市场开拓和维护客户关系方面的优势，认为这些优势对于公司的发展是极其宝贵的，他明确表示希望上司在工作中更好更充分地发挥这些优势。

与上司形成优势互补

职场人士要进行实事求是的自我评价：自己的长处是什么，短处是什么，做事的指导原则是什么，在组织中能够发挥什么价值，如何用自己的长处来弥补上司的不足，如何与上司协作实现优势互补，做到相互

---

[1] 约翰·科特. 权力与影响力[M]. 李亚，王璐，赵伟，等译. 北京：机械工业出版社，2013.

成就，互利共赢。很多职场人士对自己的特点、局限性、长处和不足不能有一个清醒的认识，不清楚自己做好哪些方面的工作就是对上司最好的配合和支持，在工作重点、步调和节奏等方面难以与上司形成默契。案例中的李义知道自己的优势在于生产管理方面的经验，能够游刃有余地处理订单加急这一类事情，而且他知道公司业务要想有起色，客户满意度非常重要，所以他对上司调整产品线并没有太多的抱怨，而是尽力配合。当上司吴明得知李义能够与自己形成搭档，在生产管理方面能够主动承担责任，并在目标上与自己保持一致时，自然会给予其充分的信任。

适应上司的工作风格

有些上司喜欢阅读书面报告以便反复研究，而另外一些上司喜欢在听口头汇报的过程中明辨思路。对于"听者型"上司，下属最好亲自向他汇报工作，再提交一份备忘录；对于"读者型"上司，下属最好先提交一份书面资料，再与其讨论。也就是说，下属应尊重并适应上司的工作习惯和风格。有些人明明知道上司喜欢简单明了的交流方式，但每次谈话都喋喋不休；有些人明明知道上司希望听到具体的反馈意见，但每次汇报时都含糊其词；有些人即使了解上司的喜好却固执地坚持自己的方式，他们的工作原则是坚守自己的作风而不是适应上司的风格，甚至期待上司能为下属做出改变，这就为上下级关系的建立设置了障碍。

满足上司的关键需求

建立良好的上下级关系还要求下属能够满足上司的关键需求。很多下属自认为了解上司的需求，但在工作中经常适得其反，因为他们是从自己的角度和立场来考虑上司应该有的需求，而不是去真正了解上司的想法。了解上司期望和需求的最有效方式就是直接询问，对于不愿意直接表达或不愿意以这种方式沟通的上司，下属可以私下里与上司讨论关于团队工作有效性的话题，或以上司认可的其他方式来获取有价值的信息。

当然，在了解上司的期望后，如果你认为上司期望过高，或工作标准不切实际，那么你便要与上司探讨更适合的目标、标准和行动方式等，也要有勇气与上司"唱反调"。"唱反调"讲求正确的方式，要基于对上司风格的理解，思考是公开提出还是私下交流，从什么出发点提出建议更容易被接受，如何配合以非语言的表现力来展示真诚，提出的建议是否以客观现实为依据，论点是否有说服力，等等。另外，在表达不同观点时，你要做好思想准备——最终决策权在上司手上，无论上司是否同意，你都要坚决执行他的决定。

与上司保持一定频率的互动

很多职场人士容易陷入一个误区，即结果说明一切——上司看重的是结果，沟通交流并不重要。这个误区导致他们在日常工作中不重视与上司的交流。很多人因为不想给上司添麻烦，遇到问题时完全按照自己的理解做事，即使遇到一些重大问题也不及时与上司保持沟通。自主行事产出的结果大多会令上司大失所望，甚至大为恼火，因此他们无意间成了让上司信不过的下属，他们自己也会觉得非常委屈。

研究表明，在大多数情况下，上司对信息的需求量大于下属实际的供给量。换言之，下属认为上司已经掌握了相关信息，或者上司不必要掌握相关信息，这在很多情况下是错误的认知，因此我们要与上司保持一定频率的互动。有些上司参与性强，注重流程管理，希望了解相关细节，与此类上司建立关系最好的做法就是，让事情的整个过程尽可能公开透明地呈现给他们。另外一些上司喜欢授权，不喜欢过多地参与细节，但他们需要确认员工在任务、节点、标准等方面的认知与其保持一致，而且在遇到棘手问题时，他们能够及时了解情况并进行指导。与此类上司建立关系最好的做法是满足他们的需求，定期交流汇报。

当然，过犹不及，也有一些下属没有意识到上司的时间和精力是有限的，与上司沟通交流过于频繁，无论大事小情都交由上司定夺，占用上司大量的时间。这样的下属不能理解上司的工作压力，分不清事情的主次，不能最优化地利用上司的时间和精力，从而会引起上司的反感。

高标准的业绩表现

除了以上几个方面，上司评判一个下属是否值得信任，还取决于下属在工作中的整体业绩表现：工作独当一面，不需要上司过多操心；愿意超额完成任务；遵从团队所倡导的做事原则；为人诚实可靠，不弄虚作假；在关键时刻能牺牲个人利益支持公司的决策；等等。有这些特质的下属，大多都能得到上司的信任与赏识。

第三节　与同事建立关系

关系能够助力结果的达成

职场中影响力因素包含两个方面：任务的完成和关系的建立。在组织中，好的机遇未必总是属于那些看起来最适合的人，这是众多职场人士面临的困惑。那么，你要如何使自己在众多优秀的同伴中脱颖而出呢？除了与上级建立良好的关系外，你还需要与同事建立关系。有很多专业背景比较强的人，深受"学好数理化，走遍天下都不怕"教育的影响，只喜欢关注专业技术上的问题，简单地在"专业技术"与"结果产出"之间画等号——非常错误的认知。一个会分析问题的人在问题面前可能会推诿扯皮，可能很主观片面，没有开放的心态，可能与他人发生冲突，问题自然得不到解决。单纯的知识和技能只是理性层面的，而人是情感与理性的结合体，个人的卓越表现不仅仅需要专业能力，更需要与他人合作完成任务——这才是"工作"本身的意义。

另外，一些人对"工作"的理解局限于岗位说明书的描述，认为只要达到岗位要求即可；他们并不认真分析达成结果需要与哪些人合作，需要赢得哪些人的支持，需要发挥怎样的影响力，需要解决哪些冲突；他们过于关注事情和任务，而忽略了关系和情感。如果你的岗位职责是新产品研发，那么这个结果的达成远非是你一个人可以掌控的，你还需要与众多其他部门配合才能实现目标——它们的配合程度会直接影响你任务完成的顺利程度。例如，研发中你需要市场部的同事提供一份数据，而掌握此数据的人对你颇有微词，因为之前在他需要你支持的时候你表现得并不积极。你想当然地认为工作应该摒弃私人情感，无论关系如何他都应该为你提供数据。这个想法在理论上讲得通，但太过于理想化，忽略了人是情感与理性结合体这一客观现实。因为你在对方的情感账户里不但没有存钱，甚至还有亏空，所以尽管他知道应该配合你的工作，他也可能会拖延，可能会找借口，可能会打官腔，可能给你的数据不完整。总之，他可能不会按照你的意愿痛痛快快地满足你的需求。他的不配合会大大降低你的工作效率，从而影响你达成业绩结果的能力。

对方不配合你的工作，还有另外一个很重要的原因，就是市场和研发两个部门的工作目标和考核指标不同，在工作重点、优先顺序、资源分配、精力投入、利益相关方的界定等方面存在很大差异。也就是说，对你很重要的事情，对他而言可能并不重要。大多数人都不能站在对方的角度，不能从对方的工作目标和工作重点出发，而只站在自己的立场想当然地认为自己的工作重点就是对方的工作重点，对方有责任有义务配合自己。当他人不配合时，很多人会给他人贴上"以自我为中心""本位主义"的标签，或者简单地将问题归因于他人的思想觉悟不够高或利己主义。其实，问题真正的原因在于，组织环境变得越来越复杂，大家在目标、视野、观点和利益关系上存在巨大差异。

如果在日常的交流互动中你能做一个有心人，了解他人的兴趣、需求、目标、压力等信息，在他人需要甚至没有期待的时候提供有价值的帮助，让对方感受到你在为他的利益着想，那么他一定会想办法回报的，再不愿意合作的人也不会抗拒这种情感上的支持。例如，一位产品经理的绩效考核结果很不理想，原因并不是新推出的产品质量不好，而是销售经理不愿意进行新产品的销售。从销售经理的角度来看，这是很好理解的，因为考核他的指标是产品销售总额，而推销新产品要比销售固有产品更浪费精力且见效慢，投入产出比低。因为没有直接的管理权限，产品经理不能对销售经理做出强制要求，所以产品经理只能干着急。

这位产品经理如果想要提升业绩，就要认真分析销售经理在意的价值点是什么，自己能否通过提供对他有用的价值，从而赢取他在新产品销售方面的支持。这位销售经理也许对新产品的早期市场计划有兴趣，也许对邀请重要客户对新产品进行体验感兴趣，而这些都是产品经理能够做到的。产品经理如果在产品研发阶段能够将这些因素考虑进来，在销售经理的情感账户里存钱，在后期营销阶段就可能会获得销售经理的大力支持。

与自己不喜欢的人建立关系

与同事建立关系，不仅指能与自己喜欢的、价值观相似的人建立关系，还要能与你不喜欢、处事方式和原则与你完全不同的人建立关系。其实，喜欢一个人并不是在职场上建立关系的必要条件，大家在一起工作只有一个目的，就是实现组织的目标。双方如果对彼此的依赖性较强，不得不建立合作关系，那么可以将感情放到一边，选择以工作为中心的合作策略。此时，双方互动的一个基本原则就是工作风格尽可能匹配。每个人在解决问题、与人相处、完成工作等方面都有自己的风格：有些人不太喜欢有主意的人，他们更喜欢自己当"救世主"；有些人工作依赖性比较强，更喜欢扮演支持者的角色；有些人以任务为导向，另一些人以关系为导向；有些人喜欢按部就班，另一些人很有创意；等等。要想与对方有效互动，很重要的一点就是，认识到你自己的风格与想要建立关系的人的风格会有不同，在找到共同的目标和利益基础上彼此要认可对方的风格，并能够基于对方的特点灵活调整自己的风格，而不要认为他人应该主动适应你的风格。

当然，工作中并不排除有些人确实思想觉悟不够高，利己主义比较严重，事不关己高高挂起，当别人求助的时候常常抱怨自己的"正常"工作被打扰。对他们而言，所谓的"正常"工作就是自己岗位职责分内的事情，其他的事情统统是分外的事情。可是，当求助他人遭到拒绝或怠慢的时候，他们却对他人横加指责；当工作进展不顺利的时候，或对绩效结果不满意的时候，他们常常抱怨公司管理不善，甚至认为自己是公司政治的受害者。而这些人通常是有才华的人，自以为很了不起，往往表现得比较自信，甚至会有自负的倾向；他们会看不起周边的人，不愿意与他人合作，把自己的才华当作私有财产，唯恐为他人所用。他们没有想到的一个关键的问题是，他们的才华必须为他人所用，为组织所用，这样才会体现他们的价值，也才能创造价值。通常，这些人因为同事关系处理不好给工作增设了很多障碍，最终都不能充分施展自己的才华。

积极处理人际矛盾

人际关系的矛盾在现代组织中会越发凸显。60、70、80、90后在思想、认知、信仰、行为风格等方面都存在极大的差异性，而且企业越大、技术越复杂、竞争越激烈、资源越匮乏、分工越细、专业化程度越高，个体对达成岗位结果的自我控制力越低，矛盾也越突出。如果你对矛盾冲突置之不理，那么受到影响最大的将是你自己——你会把越来越多的时间耗费在寻求他人的帮助或者说服他人同意自己的决策上。所以，对于已经出现的人际矛盾，你不可以置之不理，而要积极改善。

要处理矛盾，你就要理解矛盾产生的原因。矛盾产生的主要原因是：双方互不信任，或者一方认为对方的行为出于恶意。当矛盾已经存在，双方对彼此有强烈反感时，两人合作一定会受到影响——只要稍微触及敏感话题，情绪就会跳出来驾驭理性，妨碍工作开展。此时，你要及时识别到自己的情绪状态，要让自己尽快冷静下来。不论你有多么不喜欢对方，也不管责任是否在对方，你都要反省一下自己的态度和行为是否过早地将对方拒之门外，是否过早地对于合作做出了负面的结论，是否将产生的负面情绪转化成明显的对抗行为。因为一个人一旦在情感上对他人有抵触情绪，就会倾向于寻找支持这种情绪的"证据"，就会选择性地忽略其他方面，因此难免存在以偏概全的风险。所以，当意识到自己产生了负面情绪时，你就要停下来反省自己，确保不陷入自我主观世界而片面地看人看事并得出片面的结论。

客观地、坦然地面对人际关系的复杂性，有意识地调整自己在处理人际关系时的心态，借助沮丧、无能、冷漠、哀怨等情绪所传递的信息，能够助力你更积极、更主动、更高效地解决人际关系问题，从而对个人与组织效能负责。这时你会站得更高看得更远，从全局和系统的角度看到部门与部门之间、人与人之间的分工协作，不会只关注短期利益或个人利益，不会只为其中一方的利益服务，而会基于共同的目标，妥善平衡各方的利益关系，为建立既相互独立又相互依赖的关系做出贡献。在上述过程中，你会认为时间和精力的付出是值得的，因为你的成就感和满意度会更高，同时你的付出也能促进个人职业的长期发展。

人们常说"知识就是力量"。在今天复杂的社会体系里，知识已经远远超出了书本的知识，更是关于社会现实的知识。今天的职场人士如果不能认清建立有效人际关系、积极处理人际矛盾对提升个人工作效能的重要意义，就意味着没有掌握社会的知识，并在以违背社会常识的方式做事。真正的职场精英会基于社会真实情况，形成有效的思维模式、情感模式和行为习惯，即认识到自身所处的环境的复杂性，拥有人际关系的敏锐度，既不幼稚地认为一切都是简单和谐美好的，也不悲观地认为一切都是复杂动荡黑暗的，并尽可能忠实于客观真实情况，积极主动发挥自身的影响力，与他人及组织实现互惠互利、合作共赢！

第四节　人际关系情商能力对工作的影响

情商能力低的影响

人际关系情商能力较低的人在工作中、在人际互动中的态度消极，不主动与人交往，在建立关系方面投入的时间和精力较少。此类人总是等着他人主动来找他们，等待他人迈开人际互动的第一步。他们可能具有以下特征：喜欢独自工作而非与他人协作；工作中对他人的关注度较低；遇到困难不主动向他人寻求帮助；认为人际互动是一种基于目标的利益交换，为了避免进行这样的交换，自己的事会尽量自己做，尽量避免给别人"添麻烦"，也不喜欢他人给自己"添麻烦"。这样的行为特征使他们在需要帮助的时候也不太容易得到相应的资源支持——他人也会与他们保持距离感并尽量减少工作中的交集（与其必要的互动也会局限于满足基本工作需求），不会将他们纳入自己的人脉资源圈。这会阻碍他们获取必要的信息，他们也会因信息渠道的缺乏和不畅而形成较低的环境敏感度，或做出的决策不合时宜。

情商能力高的影响

人际关系情商能力较高的人会积极看待工作中的人际互动，愿意投入一定的时间和精力与他人进行沟通、交流与协作，清楚与更具多样性的个人或群体建立关系不仅会令自己开阔视野，更有助于建立更广泛的人脉资源，并能充分借助人脉资源完成工作。与他人沟通交流时，此类人表现得比较自如，通常对他人的需求表现出关心和支持；而他人也认为此类人平易近人，愿意与此类人谈心，并会在他们需要时提供支持和帮助。因为此类人所建立的人际关系比较广泛，很有可能被视作人脉和资源的"连接器"——他们通常知晓谁做了什么、谁了解什么以及谁需要什么，也会被视为团队和谐的核心人物。

在人际关系的建立过程中，投入过多的时间和精力也是有风险的——其他人可能认为自己被占用了太多的时间，或发现人际互动所带来的价值没有达到预期，从而会对是否继续保持关系进行考量。因此，我们要评估人际互动是否占用了对方过多时间，所建立和维护的人际关系是否真正有意义，并在独立解决问题和寻求帮助之间实现平衡，以避免形成对他人过多的依赖。同时，此类人会过度关注他人的感受，在人际互动的过程中会因此忽略或隐藏个人的真实感受和想法。因此，我们要意识到，一味满足他人压抑自我并不利于建立持久有效的人际关系；我们还要发挥"对情绪的自我意识""坦诚表达"等维度的情商能力，并在人际互动时更坦诚地面对自己、表达自己。

第五节　人际关系情商能力发展策略

主动与他人建立关系

你可以采取以下措施主动与他人建立关系：可以利用走廊上、咖啡间、午餐等机会与他人进行交流，对他人的性格特点、工作需求、工作压力、价值取向等多一些了解；与他人沟通时少使用"我"多使用"我们"，多一些倾听和理解，少一些评判和说教；多展现同情、关心、关爱等联结性情感，少展现厌恶、冷淡、排斥等分离性情感；对他人的晋升、工作上的出色表现给予真心的认可和赞美；与他人在性格特点、兴趣爱好、工作风格、工作压力等方面找到共同点。基于对他人的了解主动为他人提供价值，为他人提供方便，让他人感受你的善意和友好，这些做法都有利于与他人在情感层面建立关系。另外，你要多寻求合作而不总是独立完成工作，通过组织或参与头脑风暴来积极投入话题的研讨，对他人的观点进行回应并主动提出自己的见解。

扩大人际互动的舒适区

你要识别让自己感觉舒适的人际互动的场合，体验内心的感受，观察自己的互动方式、语言表达和肢体语言的表现特点，同时记住这种内心的体验及所表现出来的互动方式和肢体特点，并在头脑中的"显示屏"上不断回放，将对自己很有影响力的互动方式植入脑海。当身处不太自在的场合或谈话的时候，你要有意识地调动内心的积极体验，按照脑海中想到的有影响力的方式展现自己。此时，你会慢慢放松下来，并会发现自己的感受和行为模式都发挥了巨大的作用，同时你会有信心与他人在各种不同的场合进行互动。

让自己成为靠谱的人

只要你拥有不诚实可信的名声，那么无论你多么有才华，无论你多么聪慧，无论你取得了什么成就，都没有人愿意冒险与你合作，因为任何一个组织都会认为不忠诚可信的人对组织是危险的，而且这样的风险是任何组织都会努力回避的。要成为一个靠谱的人，你需要做到以下两个方面。

- 审时度势。在组织内，你要知道：什么时候该发表意见，什么时候该保持沉默；讲话时该拿捏什么分寸，邮件中哪些该写哪些不该写；哪些信息需要公开，哪些信息只能自己掌握；不要在背地里讲他人的坏话，在陈述事实时不对他人的人格人品进行评价；能站在上司的高度思考工作，与上司的目标保持一致，并在适当的时候提出好的工作建议。
- 实现诺言。如果你承诺很多却不能兑现，那么你将得不到上司和同事的信任。如果你对上司说"我能够达成销售目标"，那么你所能做的就是使用一切合法的、道德的手段去实现目标。事实上，聪明的人会做出别人不敢或不想做出的承诺，并最终用实现承诺的方式来证明自己略胜一筹，从而在建立人际关系时赢得更多的筹码。

要做到审时度势和实现诺言，你就要实现个人价值的不断提升。提升个人价值意味着你需要持续不断地学习，意味着你抱有开放、谦逊、好奇的心态，意味着你承认自己在某些方面的不足，并且愿意向他人求教和听取他人的意见。因此，你要为自己设定长期发展目标，让他人看到你较大的成长潜能和可塑造性，从而为你的职业发展赢得更多的可能。

第八章
同理心

案例：王超完美化解了项目"烦恼"

公司决定对现有平台系统中的某项技术进行智能化升级改造，多个研发团队纷纷报名，希望能够承接此项目。对于研发团队的参与热情，项目经理王超感到既欣慰又为难；到底哪个团队更合适呢？他一方面与所有报名团队积极沟通，感谢大家参与；一方面冷静地梳理思路，对每个团队的人员现状、技术背景、参与过的项目等做了全面分析。之后，王超提出了"赛马"的评选方式——建议由公司制定比赛内容和评选标准，最终依据得分高低决定项目的承接团队。他的方案得到了上司的认可。

所有报名的团队都认为，以"赛马"的方式决胜负对大家都很公平，也都表示会全力以赴。A团队不愧在此技术上有实践经验，表现得非常突出，最终赢得了开发此项目的机会。结果公布后，王超找到公司副总裁，希望能以公司的名义给所有报名团队发一封邮件，感谢大家的积极投入，表扬大家愿意攻坚克难的精神。副总裁照做了，大家看到邮件后非常感动。在项目进展过程中，王超也及时向未入选的团队反馈技术上的突破和项目成果，大家感觉受益颇多。

经过 A 团队的倾情努力，项目最终完美收官。在项目成果汇报会上，王超邀请了所有报名的团队参加，也再次邀请了公司副总裁出席并讲话。副总裁说这个项目的成功，不仅是一个团队的成功，更是公司整体的成功，希望大家能再接再厉，一起攻克技术难关，稳定公司在行业的领先地位。在场所有人都备受鼓舞！

案例中的王超自始至终都能感受到报名团队的需求，表现出了极高的同理心情商能力，主要体现在以下几个方面：大家踊跃报名，说明都希望参与公司战略层级的项目，所以王超邀请副总裁给大家发邮件，提升了所有人在公司高层面前的曝光度；大家渴望公平竞争，所以王超提出了"赛马"机制，结果大家对输赢都心服口服；大家都渴望能从此项目中得到学习的机会，所以王超在项目进展过程中及时反馈技术上的突破和取得的成果。

第一节　体现同理心的两个方面

同理心也就是同感，是理解他人感受和需求并能以尊重他人感受和需求的方式行事的能力。绝大多数人际关系的建立或与人相处的技巧都需要同理心的支持。同理心看似一种软实力，但从王超的案例中我们发现，如果应用得当，它会在人际关系的建立、目标结果的达成以及落实公司战略方针方面起着至关重要的作用。也就是说，"软实力"可以实现"硬着陆"。

面对组织在市场压力下的不断变革与创新，面对业务模式不断发生调整，加上人工智能的推动，部门之间、团队之间以及人与人之间既合作又竞争的关系会越来越突出，职场人士生存在应对各种组织的易变性、业务的复杂性、方向的不确定性、边界的模糊性的环境中。要在这样的生存环境中脱颖而出，有效沟通、团队协作、接纳不同和包容错误等软性的、人性的、心智层面的职业素养和成熟度变得尤为重要，而这些能力项的背后的核心要素便是同理心。人是情感动物，情感层面的连接和共鸣会使人们之间更容易建立信任关系，积极健康的人际关系会使理性层面的问题解决和任务推进变得更简单、更高效。

美国心理学之父威廉·詹姆斯（William James）说过："人最大的需求是被理解和被欣赏。"[1] 人类本性最深层次的需求是要觉得自己有价值、很重要。同理心强的人会在跟每个人的日常交往中顾及他人的这个需求，不断寻找机会让别人感受到这种感觉。同理心体现在认知上的同理和情感上的同理两个方面。

认知上的同理

认知上的同理指的是能站在他人角度思考问题，能理解他人在持续学习、专业度提升、掌握核心技术、参与公司运营、快速达成结果等方面的需求。例如，案例中的王超在看到大家踊跃报名的时候，意识到了研发人员在掌握前沿技术、技术与业务的结合、在战略层面参与公司发展等方面的需求与渴望。他首先能做到理解大家的需求，尊重大家的需求，然后非常有心地设计了一些环节，例如邀请副总裁给大家发邮件、在项目进展过程中及时反馈技术上的突破和取得的成果等以满足大家的需求。最终尽管只有一个团队参与到项目的实施中，但是落选的团队在相关方面也得到了一定程度的满足。

---

[1] 威廉·詹姆斯.心理学原理[M].唐钺，译.北京：北京大学出版社，2012.

要做到在认知上同理，你就必须接受你的岗位与其他人的岗位、作为个体的你与其他个体之间存在着巨大的差异这个客观现实。对于你的岗位和你个人而言很重要的事情对于其他岗位和其他人而言未必重要，反之亦然。只有尊重这种差异的存在，你才能真正做到换位思考，真正从他人的角度思考他们需要什么，渴望得到什么。在理解和尊重他人需求的基础上，同理心强的人会以满足他人需求的方式而行事。当然，需求不可能得到全部满足，但是这会让他人感知自己的需求得到了尊重。很多人错误地认为所有人的想法都应该一样，甚至认为只要和自己不一样的想法都是错误的，不愿意站到他人的角度理解他人；也有一些人能够做到理解他人，但不愿意以尊重他人需求的方式行事。这些都是同理心弱的表现。

情感上的同理

情感上的同理就是能站在他人角度去感受、去共情。古希腊人有一种很经典的哲学观点，即品德第一，感情第二，理性第三。这个观点的意思是，人与人之间的互动并非完全是理性的、逻辑的，而是感性与理性的结合，而且是感性在前，理性在后。人际互动的每个个体都携带着某种显性或隐性的情感元素，这些情感元素的表现形式可能是微妙的。同理心强的人善于识别和接受对方传递的情感信息，并在情感层面进行恰当回应，他们就像舞蹈大师一样能与对方的情感因素产生共鸣并会对互动的情感基调产生引领作用。他们不会被动地埋没在对方的情绪状态中，也不会让对方屈从于自己的感受，而是能与对方产生同频共振。他们善于为关系的建立奠定积极健康的情感基调，经常被对方视为"懂我的人"。

同理心弱的人较难接收到他人在语言或非语言信息中传递的情感信号，难以产生共鸣或共情。因为情感波段不同，他们与他人共舞时的节奏步调会不一致，彼此甚至会踩对方的脚趾，因此双方难以建立起和谐、融洽、共通、共融的氛围。

同理心是人际互动时被对方高度认可和赞誉的一种价值。送人玫瑰，手有余香，展现同理心的人同样也会从中受益。在王超的案例中，因为他在同理心和人际关系方面都展现了高情商，结果对他也是非常有利的：首先，他在整个过程中的表现都曝光在上级主管和公司副总裁眼里，他们会认为王超在平衡各种关系中表现成熟，无论在项目管理还是带领团队方面都很有潜力；其次，他的表现会提升他在研发团队中的影响力，后续他负责的项目大家一定会积极参与，毕竟战略层面的项目和在高层面前曝光的机会都是大家非常渴望的；最后，他个人能力在项目进展过程中得到了极大提升，在后续开展的项目中，他会越来越得心应手。

第二节　同理心倾听与提问

人们可以通过问一个简单的问题来判断自己是否具有同理心："在沟通中，我谈话的内容是否大都是关于自己的还是关于他人的？"如果谈话的大部分内容是关于自己的，那就表明你对他人的想法和感受并不感兴趣，然而缺乏同理心的人通常意识不到以自我为中心的思维模式。要培养同理心，你必须真正关心周围人的经历、情感、需求和渴望。所谓真正的关心，就是要改变以自我为中心的思维和互动模式，并要关注他人的世界，理解所发生的事情对他人的生活、思想及情感的影响。认知他人的能力是关乎一个人管理自己与他人之间关系的能力，因此作为一项重要的沟通技能，同理心是可以不断练习提升的，而练习提升的关键在于倾听和提问。

同理心倾听

同理心倾听是指以理解为目的的聆听，要求听者站在说话者的角度理解他人的思维和感受。同理心倾听的本质不是要你赞同对方，而是要在情感和理智上充分而深入地理解对方。这需要你在倾听的过程中不仅要用眼睛去观察，更要用心灵去体会。同理心倾听需要听者拥有高度的注意力、理解力和信息处理能力。听者不仅要听懂对方讲的话，能够不加评判地、耐心地聆听，还要针对听到的信息，以各种方式与沟通对象产生互动。同理性倾听的表现形式主要包括以下四个方面。

1. 表示兴趣

表示兴趣是指，听者要关注说话者，避免转移注意力，完全为倾听而静静地等候，要对说话者及其谈话内容真正感兴趣，而不是伪装感兴趣，不仅要听到话语，还要能听到恐惧、担忧和渴望等情绪。同理心倾听遵循心理互惠原则，即你如果想要影响他人，就必须首先对他人的影响力保持开放的心态。

对他人表示兴趣面临的主要挑战之一是对他人的偏见，也就是先入为主。如果你不喜欢某个人，你就很难去倾听他讲话。例如，"他这个人向来没什么主意"就是一种比较典型的偏见，尽管很多时候这种偏见是建立在错误的或不完整的信息基础上的。我们如果对讲话者做出了否定的评判，就会大大影响我们倾听他们讲话的欲望，许多人甚至会一边听讲，一边组织语言来反驳讲话者的观点。对他人表示兴趣面临的另一项挑战是，因为人思考的速度是语言表达速度的3～5倍，所以思想比较容易开小差，或者听者容易变得不耐烦。例如，当对方刚开始讲话时，你可能已经猜到了他要讲的意思，就开始顺着自己的思路进行各种遐想；当你回过神来，对方可能已经开始讲一些你没有猜到的内容了。你应该将你的思绪集中在对方所说的话上，用业余时间去组织、分析和理解所听到的信息。

要克服这些挑战，你首先要有这样的意识——在与他人的每次谈话中你都可以获得一些有用的信息。当你能在已知的基础上凝练别人所知道的东西时，你就是个智者，是个强者。另外一个能保持兴趣的原因就是，你不仅能从沟通中获得信息，而且还能了解他人的思想、观点和价值观。常言道，知彼知己，百战不殆，同理心倾听的过程就是非常有效的知彼的过程。

能够帮助自己保持专注的一种技巧是间断性地回应对方的话语，如"所以，你的意思是……""噢，原来是因为……"，即在你回应的语句中重复对方表达的关键词语。另外，简短的语言确认，如"哦，真的吗？""明白了！"，或身体前倾、微笑、注视对方、点头等肢体语言，均能表示出你对他人的讲话感兴趣。当感知到你对对方感兴趣时，对方就会阐述更多信息。此时，沟通就会成为一种活跃的双向互动的过程。

2. 避免打断对方

很多人在沟通时存在一种错误的方式，就是力图使自己表现得睿智、聪明或有趣，太急于表现自己，根本不认真听别人说。你如果想与他人建立关系，就必须表现出被打动、对他人感兴趣，而不总是打断别人，试图使他人对自己感兴趣。诗人及哲学家爱默生承认："从某种意义上说，我遇到的每个人都比我更优秀，我都能从他们身上学到东西。"《大思想的神奇》的作者大卫·舒尔茨写道："大人物垄断聆听，小人物垄断说话。"

在倾听他人讲话时，你要尽量不打断对方，要让对方把话说完，即使对方的意见是不对的，你也要坚持听下去。也许对方提到的一个观点或某个词语会令你不爽，甚至会让你产生对抗心理，此时你的心门会"砰"的一声关上，你会按捺不住地要打断对方。但如果此时你能不打断对方并听他解释，你可能就会理解他话语背后的原因，你的情绪可能就会平静下来。

3. 不做评判

有效沟通的最大障碍之一是，人们常有评判别人的冲动。人们都有本能的欲望想去评判、判断，例如"他是在故意和我作对""他一向都很虚伪""他是在博取同情"。在他人表达观点时，你的第一反应就是从你的立场出发去做评判，此乃人的本性使然，是本能化的行为。

同理心倾听要求你对他人的意见和观点保持开放的心态，在对方把话讲完之前不急于对传递的信息加以判断。即使你认为你对事情已经有所了解，你也会发现从他人的谈话中能够了解到更多的信息。你还要避免在对方讲完后不假思索地快速反应，而要稍加停顿，认真思考对方的观点后再做出回应。这样的话，你就能够避免主观臆测对方讲话的意思而造成理解不到位。

4. 做出回应

不是每个人都能说会道，有些人总是不能准确地表达自己内心真正的想法；有的人思维很跳跃，在话题之间跳来跳去。所以，同理心倾听也需要一项重要的技能，就是能用自己的语言把所听到的及其背后的意思表达出来,例如:"你想表达的意思是……吗?""我不知道我的理解是否正确,你是说……吗?""你能把刚才谈到的观点再解释一下吗?我没有完全理解。"这样做的意义主要有如下两个方面。

第一,澄清自己的理解是否正确。如果你理解的意思是正确的,这时对方就会因为得到了理解而更愿意深入谈下去;如果你的理解不正确,这时对方就有机会澄清他谈的到底是什么意思,从而避免因理解偏差而产生误解。但如果你不用自己的语言表达你所理解的意思,且你的理解又是错误的,那么双方便容易产生误解,情感上也可能会越来越疏远。因此,你要不断地用自己的语言总结所听到的话及弦外音,确保自己的理解准确到位。例如,优秀的销售人员在与客户面谈时,会不时地用自己的话进行复述,并用回应的方式以确保真正理解客户的观点,最后还会对客户所表达的内容进行总结提炼,避免对客户需求的理解偏差。这样的做法会令客户感觉自己的想法和需求得到了真正的理解。

第二,对他人所说的话进行回应,表明你真正在乎他人,你真正在理解对方。当他人知道你真正关心其内心的情感和需求时,他们就会对你更加开放,也更愿意接受你的影响。这一点与下属沟通时尤为重要,当下属意识到你真正理解他们时,他们就会在情感上与你拉近距离。具有同理心不是随便同意别人所说的话,而是说你不一定认同或采用他们的想法和建议,但你会认真倾听他们所说的话而不去打断他们。当人们向自己的上司坦诚地表达自己的想法并认为自己得到了理解和关注时,他们就会获得巨大的满足感。而且,只有当仔细倾听他们的想法和感受时,你才能更好地判断是否要采用他们的建议。

在同理心倾听的过程中,你需要有效管理自己的情感。沟通很容易被情感左右,但情感无所谓对或错,它只是人们对外界反应的一种表示。通过观察他人的语言和非语言信息,你就能很好地揣摩对方的真实的情感状态和类型。同时，你要有意识地觉察自己在倾听时的情感状态及波动，及时对其进行管理，通过表示兴趣、不做评判和做出回应等方式，让自己将注意力更多地转向有效沟通和理解情感方面。在沟通当中，双方的情感状态都要被照顾到，这样才能达到理想的沟通效果。

有效提问

通过提问而获得的回应可以让你真正了解他人的观点。如果你谈话的主要目的是获取信息和了解他人的想法，那么你可以从最简单的提问开始。容易回答的问题可以让人放松，解除焦虑。当你表现出愿意聆听和不加评判的态度时，对方会感觉受到了尊重和重视，同时你也能获得有价值的信息，使你能在稍后做出更好的决策。

开放式提问能让对方积极地进行参与。开放式提问是不能以"是"或"否"来简单回答的。开放式提问通常以"你"为主语，可以从"你觉得……？""你认为……？""发生了什么事？"等简单的问句开始练起。开放式提问不仅可以引导出基本的信息，还能：

- 找出问题。
- 挖掘问题背后的感觉、态度和需求。
- 鼓励分享有价值的建议和解决方案。

开放式提问有助于你获得大量的有价值的信息，你会从他人回答的内容中对他人的思想、情感和需求等获取更多的了解。通过开放式提问和同理心倾听，我们可以延伸沟通的疆界，从而到达我们向往的远方。

第三节　发展整合性思维

学者兼管理学教授罗杰·马丁（Roger Martin）在对多位成功的领导者的采访中发现，他们都具有一个非同寻常的特征：他们都愿意而且能够同时接纳两种相互冲突的观点。在碰到观点冲突时，他们既不慌张，也不简单地进行非此即彼的取舍，而会另辟蹊径，提出一个新思路——既包含了原先两种观点的内容，又比原先两种观点略胜一筹。这种思考和综合的过程被称为整合性思维。[①]

人的大脑能容下相互矛盾的观点

其实，我们人类一出生就拥有了对立性大脑——能够同时容下两个相互矛盾的想法，并带来建设性的辩证思考。遗憾的是，这一人类的特征并未得到充分的开发和重视。真正伟大的整合性思维者并不多见，原因是整合性思维容易让人们陷入焦虑。大多数人在思考问题时都希望避免复杂性和模糊性，力图找寻简洁、明确的方法，总是尽量地将问题简单化，渴求一种确定性以应对外部世界的纷繁与复杂。

正是由于这种情况，人们在面对相互对立、看似不可调和的观点和需求时，就会感到不知所措。此时，人们的第一反应往往是通过排除法来确定哪一种模式是"正确的"，哪一种模式是"错误的"，甚至会努力证明自己所选择的模式比另外一种更优越。自以为是的人总以为自己最客观，别人都有所偏颇，其实这是画地为牢的典型表现。同理心能力较

[①] 罗杰·马丁.整合思维[M].王培，译.杭州：浙江人民出版社，2019.

低的人比较典型的行为表现就是评判和说教。

求同存异，兼容并蓄

真正懂得同理心精髓的人都遵循整合性思维准则——放弃"非此即彼"的选择，并利用两种对立观点之间的矛盾寻找一条更好、更有创意的解决方案，令人感到无限可能。整合性思维是一项可以通过有意识的培养而获得的技能，其前提是尊重和理解——尊重人与人之间的差异，尊重他人眼中所见到的不同世界，承认自己有不足之处，而乐于在与人交往中汲取丰富的知识见解，从而增广见闻；当对方观点和你不一致时，你不一定要表示赞同，但是要尽量给予理解。整合性思维原则要求人们放弃"非此即彼"的选择，也就是说你要试着寻找解决问题的第三条道路——在一般情况下，它总是存在的。坚持双赢模式，努力理解对方，同时坚定直率地表达自己，这样你很可能会找到一种让每一个人都受益良多的解决方案。

具有整合性思维的人一般都具备谦逊的品格。一个谦逊的人，在生活和工作中关心什么是正确的，而不去证明自己是正确的；他们接受真理，而不会盲目地捍卫自己的立场；他们具备团队合作的精神，而不崇尚个人英雄主义；他们认可别人的贡献，而不强求被别人认可。谦虚并不代表软弱、沉默或埋没自己，他们也可以做激烈的辩论，进行艰难的商业谈判；他们求同存异，尊重个性，无论在怎样的环境中，都可以清楚而坚定地表达自己的看法。

第四节　同理心缺失的原因

同理心的缺失主要有以下三个方面的原因。

成长经历中爱的缺失

很多人不具备同理心，有时与他们的成长经历有关。在他们受伤、孤单、恐惧、害怕、不知所措的时候，父母或其他亲人并没有给予真诚的关注和关爱，反而训斥他们不够坚强，训斥他们让人不省心，训斥他们不懂事。亲人们的冷漠，加重了他们的痛苦、悲伤和恐惧。当他们偶尔表现出高兴或兴奋时，周围的人也会给他们泼冷水，告诫他们不能骄傲，不能得意忘形，不能玩物丧志。这些经历告诉他们，情感是不可以流露的，没有人会关照他们的感受。他们只能默默地把感受藏在心里，一个人咀嚼，一个人面对。

如果一个人感受不到爱，始终觉得不被理解，始终将情感隐藏，那么他的心灵一定是受伤害的，是痛苦的。一个受伤害的痛苦的心灵，很难在别人被伤害或遭遇痛苦时去表达理解和关爱，因为他认为这是当事人自己的事情。因此，他会将过去所受到的忽略与冷漠反射在别人身上，只关注自己没有被满足的需求和渴望。

自我情感能量的匮乏

同理心缺失的另外一个原因是，一个人在关注他人未被满足的需求时，通常面对的是他人偏负面的情感。可以说，同理心通常是伴随着痛苦而存在的。当人们在工作生活中遇到困难和挑战时，当面对冲突时，痛苦是情感的主基调。只有人们能坦然接受痛苦、管理痛苦、应用痛苦，一起将情感打通，彼此相互支持，喜悦和幸福才会到来。但是，今天职场中的每个人压力都很大，大家每天都在赶工期或努力完成绩效指标，对工作要持续专注和投入，要应对各种困难和挑战以获得成就感和价值感。所付出的代价就是，每个人的情感能量都消耗极大，有些人甚至会感觉筋疲力尽。这样的工作状态会让许多人自顾不暇，他们自然没有意愿或能力去关心他人，或站在他人角度思考问题。

理解他人通常意味着倾听，而研究表明，倾听与表达相比会消耗更多的能量。当情感能量本身就处于低段位时，这些人在人际互动的时候自然会选择最节约力气的方式——我说你听，自然不利于彼此理解，矛盾冲突也会越来越多。

避免可能带来的风险

同理心缺失的第三个原因是，表达同理心可能会给自己惹麻烦。例如，你对做错事的同事表示关心，可能会引起他人无端的指责；你对某个建议表示赞同，其他人就会指定你负责执行这个建议；等等。因为同理心受到连累并额外承担不必要的工作的局面屡见不鲜，所以很多人认为，在职场上最安全的方式就是封闭自己的情感——表现得漠不关心，麻木不仁，各家扫取门前雪，莫管他人瓦上霜。也就是说，虽然人的大脑有能力产生同理心，但工作环境阻碍了同理心的形成。

第五节　同理心情商能力对工作的影响

情商能力低的影响

如果一个人的同理心情商能力较低，这就说明他较难设身处地站在他人的角度感受和思考，理解他人对这些人来说比较困难。他们会更专注于自我的感受和需求，对他人的感受和想法不太感兴趣，或者误认为他人的感受和想法和自己是一样的，并且以满足自己的感受和需求为行动和决策的出发点。同理心情商能力低的人看问题比较主观片面，不能够从多个角度来看待问题，因此所做出的决策未必是明智的。与同理心情商能力较低的人互动，会让人感觉被忽略、不被尊重、难以与其产生共鸣，容易让人在情感上受挫。这样的感受自然会影响到信任关系的建立以及工作上的配合度，所以不难理解，同理心情商能力较低的人在工作推进的过程中可能会遭遇他人的阻碍。

情商能力高的影响

如果一个人的同理心情商能力比较高，这就说明他愿意站在他人的立场感受和思考，在决策和行动时能做到充分理解并尊重他人的感受和需求，在别人需要的时候会尽量提供帮助，愿意为满足他人的需求而有所付出。作为回报，当自己有需要的时候，他人也愿意提供支持和帮助，这不仅有利于事情的推进，而且会增进彼此情感上的联系。同理心情商能力较高的人通常会被认为通情达理，善解人意，愿意分享他们的真实想法及感受。而且，当遇到问题时，他人会视这些人为倾诉对象或求助对象，会认为这些人是值得信赖的。

同理心情商能力过高也存在着风险。非常关注他人的感受和需求，并且努力做到满足他人的需求，过多地站在他人角度考虑问题，从不拒绝别人的要求，将别人的问题看作自己的问题，这些都会让同理心情商能力高的人感到压力过大，从而导致被他人情感绑架的风险。有些人会利用此类人同理心情商能力高的特点，在沟通交流时过度强调个人观点，忽略客观现实，造成此类人看不清客观现实，从而带来偏听、偏信、偏袒等决策风险。

同理心情商能力过高的人要有意识地避免不要将同理心与同情心混为一谈。虽然同理心与同情心在某些方面存在交集，但两者毕竟是截然不同的概念。同情心的英文是compassion，其拉丁文字源意思是"与他人一同受苦"。这与同理心不同，有同理心的人能够理解他人的情感或观点，而不会对他人的遭遇感到惋惜和遗憾；他们不仅能分享痛苦，还能分享喜悦，而且能理解和接受与自己不同的信仰、经验与观点。将同理心与同情心进行有效区分，能够让你在人际互动时保持客观性。你还要防范对同理心的其他误解——同理心不是和稀泥，不是一定要接受对方的感受，不是一定要满足对方的需求，不是一定要帮助对方解决问题，也不是对他人的一味退让和迁就。

第六节　同理心情商能力发展策略

现实中的你可以采用上文中所谈到的倾听、提问、发展整合性思维的发展策略来提高同理心情商能力。另外，下面的几个小技巧对于恰当地展现同理心也非常有帮助。

换位思考

你可以把自己放到对方的位置思考："如果这是我的处境，我会有怎样的感受、想法和期待？别人会以怎样的方式与我互动？"也就是说，你要尝试按照自己理解的方式与对方互动，观察对方的反应，在实践中不断地发现问题，总结规律。

为谈话做准备

你还可以在谈话前花些时间做好回答以下问题的准备：对方可能有哪些诉求？你可以通过哪些问题更深入地了解并明确他们的需求？他们可能会提出什么问题？如何以展现同理心的方式回应这些问题？为了满足对方的需求，你可以提出怎样的解决方案？……在对这些问题有过思考后，你可以与其他知情人沟通或预演，以对这些问题的答案做出修正和补充。

建立私交

你如果可以与同事建立良性的私交，就会更好地理解哪些人或事会对他的情绪产生影响，就会更容易在恰当的时间与他的情绪反应产生共鸣。你要做一个有心人，对他人进行观察，了解他人的个性特点、工作偏好或生活喜好，花些时间和他们沟通工作以外的话题，如运动、兴趣爱好、旅游和家庭等，并在合适的时机表示你的关心。例如，对方家里有孩子需要照顾，你主动承担工作中剩余的部分；在旅行中发现对方喜欢的某类商品，你将其买回来作为礼物送给对方；等等。

勇于说"不"

同理心并不是同情心，并不意味着你一定要承担对方的痛苦或解决对方的问题。倾听内心的声音，如果答应对方会让自己有压力感或感到为难，你就要勇于说"不"，并坦诚解释原因。你可以采用整合性思维的方式，给对方提供其他可选择的方案，或与对方共同探讨其他可行的方案。

做出艰难决策

当你在进行一项艰难的决策时，与相关方开展谈话，将同理心倾听、有效提问、情绪表达和坦诚表达等情商能力相结合，能够奠定健康的、建设性的谈话氛围，有利于你在认知层面和情感层面与对方进行同理。充分表达自己的情感和观点，将谈话的重点聚焦于问题的解决，并就行动方案达成共识，有利于你果断地做出他人情感上不太容易接受但是符合情理的决定。

第九章
社会责任感

案例：李山如何管理没有责任感的人

  公司临时从各部门抽调人员组成了项目组，以尽快解决产品质量问题。产品经理李山召集大家开了一次简短的视频会议。会上，李山表示很高兴与各位同人共事，并就问题的解决流程向大家做了解释，要求各位一定要按时间节点完成工作，确保问题在公司规定的时间内解决。最后，他希望大家多多支持和配合，并对大家表示感谢！

  在工作的过程中，李山发现，某职能部门的员工小安的投入度明显不够，已经有两次不能按时提交成果物。李山联系了该职能部门的领导，了解小安本职工作的负荷量如何。管领导告诉李山，部门在选派小安参加此项目时已经将其部分工作做了调整，小安的本职工作应该在其可承受的范围内。李山心里有了底，约小安单独沟通。李山能感觉到小安的态度并不积极——小安一副应付差事的口吻，强调本职工作繁重，而且说在项目上已经投入很大精力了。李山请小安解释两次没有提交成果物的原因。小安解释说是因为流程设计不合理，留给他工作的时间太有限，导致他不可能按时完成。当李山问小安有何建议提升流程效率时，小安心不在焉地回答没有办法。小安的表现令李山非常不满。

案例中的小安不愿意在所参与的项目上多投入精力，对于项目能否按期交付并不关心，就个人工作对项目造成的负面影响也毫不在意。针对这种没有集体意识、没有社会责任的行为，李山该如何应对呢？李山是个非常有经验的产品经理，并没有因为小安缺乏责任意识而恼怒，而是先与自己的主管领导沟通了小安的问题，希望重要任务的分派能由主管领导亲自给项目人员发邮件。同时，李山也与小安的部门领导进行了沟通，向该部门领导介绍小安在项目上的工作安排和要求，希望该领导能帮忙监督小安的工作。在多种形式的管理手段下，小安的态度慢慢发生了转变，配合度也越来越高了，李山所负责的产品质量问题也在公司规定的时间解决了。

第一节　社会责任感就是超越个人利益

社会责任感指的是一个人愿意为了更多人的利益而付出，也就是所谓的以集体利益为重，助人为乐！社会责任作为一种道德指南，指导个人的行为优先考虑群体利益，从而为整个社会和所属的组织群体做出贡献。

人首先都是为个人利益着想的。《魔鬼辞典》[①]中对"我"的解释是："我"在说话时排第一位，在思考时排第一位，在表示情感时排第一位。在组织环境里，"我"当然也是第一位的。对于任何发生在部门或团队里的事情，大部分人的第一反应是："我"会怎样？对"我"有什么好处？

[①]《魔鬼辞典》是一种以词条解释的形式解剖世界的一部美国著作，作者为安布罗斯·比尔斯（Ambrose Bierce）。——编者注

当公司遭遇谣言或受到攻击时，大家首先想到的或许不是"我们"将如何摆脱困境，而是"我"会遇到麻烦吗。

"万事皆为利来，皆为利往。"利益是人们做事的动力，是人们普遍存在的客观需求。太多有才华的职场人士因为过于注重个人利益，过于以自我为中心，把自己的才华当作私有财产，一心想的是自己的成功，为了自己的成功不顾及对他人的影响，甚至会不择手段，伤害他人，抢占或滥用资源，从而阻碍了个人职业发展。他们没有意识到"我"是有局限的，他们的才华是可以为他人所用的，他们的才华可以变成大家的资产，变成组织的财产。才华只有为组织所用，为他人所用，才会产生价值，才华不会被埋没。"利"所涉及的人越多，个体的力量就会越大，个体的收益也就越多。如同一位出色的歌唱家，如果没有舞台和听众，那么他唱得再好也不过是自娱自乐罢了。

"我"需要"我们"才能做到真正的"我"

心理学家荣格说，"我"需要"我们"才能做到真正的"我"。"我们"指的是包括自己在内的一群人，这群人通常有着共同需求和共同目标，相互之间有着某些联系。我们通常将整个世界称为"命运共同体"，而职场中的组织就是所有人的"利益共同体"。一旦从"我"走向"我们"，格局、视野、责任感、可用的资源、事情的价值等都会大不一样。为了提升自己，人们需要组织，需要社会——如果没有周围人的进步，没有社会的发展，那么你怎么可能变成越来越优秀的自己，怎么可能变得卓尔不群？真正的个人主义必须与更大的团体、更大的组织甚至与社会的利益相关。

职场人士的成功法则是，在实现个人与组织"双赢"目标的过程中体现个人价值，做事要优先思考如何有利于更大的群体，然后考虑个人会有怎样的收获。为团队目标做出贡献，识别团队成员的共性需求，为此付出努力，让自己和其他人及组织从目标的实现中共同获益，就能达到双赢甚至多赢。如果目标的设立是牺牲组织利益以满足个人利益的，或者打着一切为了大家的旗号来实现个人目标，却全然不顾责任和义务，那么这样的行为是会受到谴责和孤立的，是低情商的表现。

在大多数情况下，大多数员工不难做到以公司的利益为先，但是当集体的利益和个人的利益冲突时，当坚守集体的利益可能给个人带来损失时，超越个人利益并不容易。此时，是否还能够坚持以集体的利益为先就成为社会责任感重要的试金石，毕竟趋利避害是人的本能。当决策会影响到自己的利益，当以他人或集体利益为先会给你带来损失时，你如同站在选择人生命运的岔路口——情感和理性会在你的心里搏斗，你会感到茫然不知所措。针对此种情况，你可以想象自己乘坐直升机到达了山的顶峰，此时你的视野和格局会完全不同——你看到的不再只是一棵树，而是整片森林。站到了顶峰，你将做出怎样的决策？你可能会意识到之前的纠结都是一叶障目带来的困扰。在《从优秀到卓越》（*Good To Great*）一书中，作者吉姆·柯林斯（Jim Collins）指出，具有卓越表现的领导者在困难的时候会始终将公司利益放在个人利益之上。①

大家好才是真的好

大家都知道，众多球星很难组成一支伟大的球队，除非这些明星有心为共同的理想和目标奉献自己，愿意彼此成就，愿意为了球队整体的

---

① 吉姆·柯林斯. 从优秀到卓越[M]. 俞利军, 译. 北京: 中信出版社, 2019.

荣誉而做出牺牲，甚至愿意将机会留给别人。在做事之前，思考的次序不同，身处的境界不同，关注的对象不同，做事的结果则大不相同。如果你想做一件事情，那么你首先要站在更高的位置思考：在这件事当中会涉及哪些人？这件事情给他们带来的共同利益是什么？以"我们"为核心的思维模式会从整体、全局的利益出发，清楚自己为什么做或不做某件事情。一件事情中的任何一个环节，哪怕不是"我"实际负责的，也都和"我"有关系，因为它会对结果产生影响，这种意识便是对结果负责的主人翁意识。人是群居动物，需要归属于一个格局更大的组织，而组织讲求对成员的信任——对一个人恪尽职守、不遗余力地实现共同目标的信任，而拥有社会责任感的人可以赢得组织更大的信任。

　　有句话说"大家好才是真的好"，其中的大家好就是整体共赢的结果，只有大家好才能保持"可持续"的环境和条件，才是彼此持续且唯一的需要。例如，企业要发展，就要满足客户不断变化的需求，就要不断推出好的产品，因为企业要永远站在顾客的角度思考他们的需求是什么，这个需求怎么可以更好地得到满足。对于组织中的个体，你需要思考的是，为了与他人共同满足客户的需求，如何在思维和行为上与大家相互支撑、相互依存，从而更好地实现"一体化"。当有了"一体化"的认识后，你就不会将事情没有做好的原因落在他人身上并全然不进行自我省察，而会主动思考下一次遇到同样的问题时自己可以多做些什么，可以在哪些方面做得更好。

　　要想真正为了大家好而付出，你就必须给予他人和组织充分的"信任"。信任指的是你相信他人是有价值的，是值得尊重的。信任会大大降低人与人之间的沟通成本，大大提升合作效能，所以信任不仅仅是一种生活的态度，更是一种智慧。但是你也不可盲目信任，毕竟信任是有风险的。为了控制风险，你对他人的信任程度刚开始时可以小一些，随着了解的越来越深入，信任的程度可以随之增加。所以，要建立信任关系，你就必须利用各种机会充分了解他人。任何增加相互了解的活动或举措，都是对营造信任关系、增进彼此信任的工作氛围有意义、有贡献的。积极参加团队主题工作日，组织各项交流分享活动，关心新入职的员工，这些行为看似与个人本职工作并不直接相关，却能大大促进彼此合作和团队有效性，因为在人际互动的过程中，大家彼此了解，彼此信任。

超越个人利益并不是放弃个人利益

超越个人利益并不是要求人们主动放弃自己的利益，并不是要求个人表现得软弱、沉默或被动服务于组织的目标，而是指个人要同时照顾到自己的利益。每个人都可以为了实现个人和组织利益的平衡而与组织进行商业谈判。在这个方面，情商能力表现高的人可以清楚而坚定地表达自己的看法，但他们不傲慢，不自以为是。在充分自我表达后，一旦组织做出决策，他们就会绝对服从，无论这个决策是否有利于个人利益，这就是他们认同的集体利益至上的原则。

第二节　助力他人成长

资历浅的人不主动寻求建议的原因

《动物精神》（*Animal Spirits*）的作者乔治·阿克洛夫（George Akerlof）和罗伯特·席勒（Robert J.Shiller），分别是2001年和2013年诺贝尔经济

学奖得主，他们研究的一个主题是人类心理如何驱动经济发展。他们在研究中发现，员工在需要帮助时不会主动求助于比自己资历深的人，因为这样会显得自己无知且独立性差。这很出乎他们的意料，因为在人们的认知里，低专业技能的人会向高专业技能的人寻求建议，这样问题才会得到更好的解决，才更有利于个人成长。但研究表明，现实并非如此，现实中更常见的是，低专业技能的人向专业技能同样低的人寻求建议，高专业技能的人向高专业技能的人寻求建议。[①]

专家们分析，之所以会出现这种现象，主要是因为低专业技能的人只有有限的本钱进行交易，即他们能提供的"价值"很少——他们大多只能表达感激之情。在低专业技能向高专业技能的人寻求建议的极少数情形中，这种感激在一开始可能会换来些许回报，但越往后发展，后者提供的回馈便会越少。但是，在技能水平差不多的群体之间，同等价值的交换就可以持续发生。此研究成果也再次证明了人与人之间的关系是基于价值交换的互惠互利的关系。

主动承担培养人才的责任

上述研究结果对于组织的人才培养有着极大的启示。一些有潜力的年轻人，因为不好意思总是麻烦长辈或上司，所以遇到困难和问题就很少及时请教，长辈和上司会因此评价他们积极性不高、学习能力不强，造成了对他们的关注度下降。所以，要想培养年轻有潜力的员工，资深人士就要主动地承担师傅、导师、教练等角色，主动承担培养人才的责任且不求回报，这也是社会责任感的一种具体体现。

---

① 乔治·阿克洛夫，罗伯特·席勒. 动物精神[M]. 黄志强，徐卫宇，金岚，译. 北京：中信出版社，2016.

职场中的每个人都可以担任多种角色，而且能够在不同任务不同关系里进行灵活的身份转换。例如，经理首先承担的是管理者的角色——分配任务，监控过程，保证结果，只有做到这些，大家才认为他是一名称职的经理；同时他又是同事中的一员，在大家进行头脑风暴的时候，就问题进行探讨的时候，他与其他人一样发表个人观点和见解；有时他承担着导师的角色，手把手地带着他人做事，分享成功的做法和经验；有时他是顾问或咨询师，和他人一起面对问题，分析问题，探讨最优的解决方案；有时他是一位教练，引导他人对人、对事进行思考，并发挥镜子的功能，让他人在其中看到真实的自己。有主人翁意识、有集体责任意识的个体，会主动选择承担并积极扮演导师、教练和同事的角色，愿意陪伴和助力年轻人成长。通过在人才培养上投入时间和精力，他们希望看到年轻人对自己和组织的发展都充满信心，并对组织产生情感和忠诚度。他们对组织健康持久发展有着巨大的贡献。

培养他人能促进自我成长

有的人不愿意培养年轻人，因为他们担心年轻人一旦成长起来，就会成为他们强大的竞争对手，这无异于"自掘坟墓"。这是"你输我赢，我输你赢"的匮乏心态的体现——机会只有这么多，你得到了我就不能得到。与之相反的是"富足"的心态，富足的心态源自厚实的个人价值观与安全感——相信生活中多数的东西是充足的，如果将这些东西与他人分享，自己通常会得到更多的回报，而这种回报通常不是短期的、物质方面的、利益相关的，而是长期的、精神方面的、情感相关的。每个人的思维都有极大的惯性和局限性，这些惯性和局限性会制约人的思想，会影响一个人对外界事物的感知力和对变化的敏锐度，会让人陷入某些低效甚至不合时宜的想法中而不能自拔。

因此，我们要打破这种惯性和局限性。而与年轻人在一起会在很多方面冲击我们的认知，会让我们重新思考自己、认识自己，会让我们对工作和生活保持新鲜感和好奇心，与外部世界保持互动，保持生命的热情和活力。

第三节　社会责任感情商能力对工作的影响

情商能力低的影响

社会责任感情商能力低的人比较以自我为中心，更多考虑的是自身利益，行动和决策以满足自身需要为主，更渴望以自我激励来获取个人的成功而非集体的成功。因为倾向于个人主义而非集体主义，时间和精力更多聚焦于个人，所以此类人对他人的需求、对大多数的社会或组织问题漠不关心，不太愿意为了他人或组织的利益而付出或奉献。此类人与他人互动时体现更多的是竞争性而非合作性，所以较难与他人建立真正的信任关系。因为在涉及他人利益的时候表现得漠不关心，所以在自身需要帮助的时候，此类人也较难获得他人的关照和帮助。

情商能力高的影响

社会责任感情商能力高的人会利用机会帮助团队或组织，有无私奉献的精神，希望通过个人的努力推动团队及组织的发展和进步。此类人把团队目标放在个人目标之上，乐善好施，不求回报。他们心态开放、愿意合作，不计较个人利益的得失，只要他人或组织需要，随时会做出奉献或牺牲，即使是工作以外的事情。此类人与他人互动时体现更多的是合作性而非竞争性，追求实现共同目标，能够与他人建立真正的信任关系，在自身需要帮助的时候也容易获得他人的支持。

当然，社会责任感情商能力过高也有风险：会为他人、为组织承担过多的工作，会为了满足他人的利益而忽略自身的需求，也可能会因为承担工作过多而忽略工作质量，甚至可能因为帮助他人而逃避自己工作中需要解决的问题；过度关注他人和集体利益会影响个人目标的完成，从而影响个人幸福感和满足感。

第四节　社会责任感情商能力发展策略

在社团组织中承担角色

为了提高社会责任感情商能力，你可以选择一两个组织内或组织外的社团组织或委员会，尝试在其中扮演一个自己感兴趣的角色。为了确保自己在其中发挥价值，首先，你需要将参加此类活动的时间与正常工作时间进行合理分配，以确保出席的频率和准时出席；其次，你要主动担任一个角色，明确此角色可以发挥的价值，并对自己将要采取的行动做出承诺；最后，你要与其他人形成监督和反馈小组，定期对他人的表现给予反馈并提出建议，同时要求他人对你的表现给予反馈和建议。

从日常小事做起

培养服务他人、服务集体的意识可以从很小的事情做起。例如，离开办公室时随手关灯，节约办公用品，爱护公共财物，保持公共区域清洁，在他人需要时伸出援助之手，在会议讨论时积极发言，等等。因此，你要重新审视个人与集体的关系，思考并列出哪些事情对你而言是举手之劳但对集体是有贡献的，同时付诸行动并持之以恒。

实现一个对组织重要的目标

某个目标也许不在你正常工作职责范围内，也许对你而言重要性排序很低，但如果此目标的实现对于团队和组织很有意义，而且你的技能对达成目标很有帮助，你就要主动担当。如果完成工作需要与相关的负责人沟通，那么你要坦诚地向他们表明你的意愿度和投入度，提出并探讨解决方案；如果完成工作的过程中需要协调他方资源，那么你需要主动与相关方沟通交流，主动解决各种矛盾冲突，发挥你的引领作用和影响力。当因为你的努力解决了团队的问题，减轻了其他人的负担时，大家会对你的付出和奉献深表感激。

第四部分

决　策

第十章
解决问题

案例：王锐为什么不能有效解决问题

项目实施到了关键时期，可是技术顾问刘飞最近一段时间明显不在工作状态——讨论技术问题经常心不在焉，项目技术指导经常缺位。客户对项目进展颇有微词，认为交付的质量很可能达不到当初的设计标准。作为项目经理，王锐感觉到自己内心无比郁闷和苦恼。首先，他觉得刘飞不负责任，让项目面临巨大的技术风险；其次，如果事态持续发展下去，客户很可能会到公司投诉，届时公司利益可能因此受到损失，领导会质疑自己的项目管理能力，自己的职业发展可能会受到影响；最后，他跟刘飞平时关系不差，自己还经常在领导面前说他的好话，怎么关键时刻刘飞一点儿不给自己面子？王锐满脑子都充斥着对李飞的不满以及自己可能要承担的后果，这种怨恨失望的情绪使他很难把心思放在项目管理的工作上。

尽管他在客户面前总是保持微笑和耐心，但他在公司内部却毫无克制，不仅脸色难看，还经常发脾气，给团队蒙上了一层阴影。每名团队成员都感受到强烈的压力感和压抑感。大家都知道王锐是个性格比较内向的人，有什么想法都会藏在心里。看到王锐如此糟糕的状态，大家都小心翼翼，唯恐使事态恶化。

案例中的王锐想到由于刘飞的不负责任可能导致的恶劣后果，对刘飞表示不满甚至升级到怨恨的地步，但是不知道该如何面对刘飞，该如何解决问题。他非常郁闷和焦虑，把所有的负面情绪转嫁到了团队身上，在这些负面情绪的绑架下，对团队所有成员进行了"冷暴力"的攻击。

与王锐的不知所措不同，第九章"社会责任感"案例中的李义面针对小安的不作为，非常理智冷静地采取了管理行动：他先是与小安的主管领导沟通，了解小安本职工作的负荷量；然后与小安沟通，在意识到对方懈怠的态度难以改变的情况下，他并没有陷入指责和怨恨的情绪之中，而是理智地让自己的主管领导和小安的主管领导参与进来，共同解决问题。与王锐对比起来，李义体现了很高的解决问题的情商能力。

第一节　在情绪干扰下解决问题

情商能力体系中的解决问题指的是，一个人能够在有情绪干扰的情况下找到解决问题的办法。王锐在问题面前表现得不知所措的原因在于，在情绪受到严重干扰的情况下，他的理性陷入瘫痪状态，他也因此失去了判断力、思考力、决策力和行动力。

问题面前要先识别情绪

问题会引发情绪，情绪会自动引发行为，如果情绪没有得到很好的识别和管理，行为就会本能化而非智能化。那些优秀的问题解决者和决策者，之所以能够在复杂问题面前有效应对，不仅是因为他们就问题本身有理性的思考和判断，更是因为他们的行为没有受到情绪的干扰。其实，在问题面前产生情绪在所难免，情商再高的人也会有情绪反应，但他们能及时识别和管理自己的情绪反应，并思考怎样的行为反应才是高度智能化的。因此，解决问题的高情商就体现为先解决情绪问题，再解决问题本身。

排除情绪干扰的第一步是觉察情绪，你如果没有做到当下的觉察，那么事后一定要进行反思。觉察情绪的方式可以是内在的也可以是外在的。案例中的王锐可以通过观察自己在工作中的肢体语言和沟通方式，来意识到自己处于非常负面的情绪状态，这种觉察便是外在的。内在观察指的是感知自己的思维模式，例如，是否总是盯着问题不放，是否心情压抑低落，是否容易失去耐心，等等。人是思想、情感和行为的统一体，即人的思想、情感和行为都是联动的，相互影响的，在某个方面的觉察会提升其他方面的认知。

排除情绪干扰的第二步是，识别自己在情绪状态下的行为模式及产生的后果。案例中的王锐在怨恨情绪的绑架下，对团队实施"冷暴力"——给大家脸色看，无端发脾气，造成紧张的团队氛围，令所有人都备感压力和焦虑。如果他的这种状态持续下去，那么后果很可能是团队持续处于低气压状态，所有人都在压抑自己，没人敢与他正面沟通，问题、隐患越来越多，项目的质量问题和客户满意度持续下降。

排除情绪干扰的第三步是，探寻和分析情绪背后的原因，即自己为什么会有这样的情绪，为什么会反应这么强烈？情绪是使者，它在传递着关于自己的重要信息，能够引导人们探寻内心真实自我的需求与渴望。王锐很渴望成为一名值得信赖的项目经理，希望所管理的项目能做到高质量，让客户满意。刘飞对他的支持至关重要。为了与刘飞建立关系，王锐经常在领导面前说刘飞的好话，就是期待在需要的时候能得到刘飞的大力支持。所以，当项目遇到问题的时候，"他应该领情""他应该帮我""他应该承担责任"是王锐内心的认知。当这些期待落空，付出没有得到回报的时候，王锐给对方贴上了"不够义气""没有责任感""以自我为中心"等负面标签，对这样的人自然会充满怨恨之情。

令王锐情绪走向极端的另一个原因是，他夸大了问题的严重性，他认为项目质量存在瑕疵会带来巨大的灾难，无论对公司还是对自己都是如此。他在头脑中编织了一个非常凄惨的故事，故事中的他是个非常可怜的受害者，这种结局令他惊恐战栗。

在情绪稳定后再采取行动

在理解了情绪背后产生的原因后，我们接下来要做的就是管理情绪和行为，其中一个主要管理方式是尽快回归到客观现实，停止生活在由情绪引发的各种猜测和假想中。对于王锐来说，有效方式是要尽快与刘飞沟通，了解对方的实际情况。也许现实情况是刘飞近期的身体不好，或者是家里发生了重大的事情，也有可能是他们对高质量的理解完全不同。客观现实会帮助人们改变认知，正如管理学大师彼得·德鲁克所言："认知的改变并未改变事实本身，而是改变了它们的含义！"客观现实可能会推翻王锐给刘飞贴的各种标签——王锐如果得知自己之前的想法都是胡思乱想，那么他的负面情绪自然会得到缓解。即使刘飞的表现印证了自己之前的负面猜测，王锐也大可不必惊慌，而是可以通过"情绪表达"和"坦诚表达"来表明态度，让刘飞意识到问题所在。双方当面进行坦诚沟通，将心里的感受、想法、顾虑和态度都表明后，情感问题就会得到有效处理。此时，双方都会恢复到理性状态，都可以将注意力聚焦于问题的解决上。

第二节　绑架行为的负面情绪

人作为情感动物，在问题面前始终会有情感相随，这些情感会推动或阻碍问题的解决。有些人在问题面前容易恐慌；有些人本能地逃避问题，把头埋在沙子里，对眼前的境遇视而不见，寄希望于问题自行消失；有些人会抱怨问题的发生，指责合作伙伴；等等。这些情绪及所引发的行为成了阻挡他们前进的力量。能量是守恒的，当能量消耗在这些担忧、焦虑和恐慌等情感世界时，理性思考和行动的力量就会削弱很多，不仅问题得不到有效解决，甚至会衍生出更多的问题。典型的以问题为导向的思维模式就是，将精力聚焦于问题本身，过度放大解决问题过程中的困难和挑战，从而让自己被负面情感包围，阻碍果决地采取行动解决问题。问题面前，容易绑架人们行为的负面情绪主要包括犹疑、拖延、沮丧和怨恨等几个方面。

犹　疑

对于总想把事情做得完美无缺的人来说，犯错误会带来难以言状的恐惧，因为他们不能接受自己犯错误，如果犯了错误，他们所描绘的完美、无所不能的自我人设就会分崩离析。哲学家阿尔伯特·哈伯德（Elbert Hubbard）说："一个人所能犯下的最大错误就是，害怕再犯一个错误。"[1]犹疑最大的特点就是害怕犯错误。其实，在任何一个行业中，在任何一位成功人士身上，人们应该懂得，完美是在无数次的行动、出错、纠正错误的过程中，内心所渴望和追求的一种理想境界。完美只是一种愿望，并不存在于现实中，但是追求完美会激励你不断努力做到更好，从而不断接近那个理想的境界。

在犹疑的过程中，制约行动的主要因素就是，为了维护自尊心而产生的自我保护心理。许多人之所以犹疑，是因为害怕行动会有损自己的自尊心。自尊心应该用于为自己服务而不是与自己作对，所以你要说服自己相信：成功人士是勇于犯错误和承认错误的人，害怕犯错误和不能勇于承认错误的人才是失败者。那些真正成功的人不会因为尝试和推新出现错误而感到窘迫、丢脸甚至崩溃，不会由于灰心丧气而心烦意乱，也不会知难而退或将自己封闭起来。他们只会对自己的错误一笑置之，很快就能重新集中精力，在不确定性中、在模糊中向着最终目标摸索前进。

在接受不确定性和不完美中，你要努力锻炼自己的情感肌肉。要想得到想要的一切，你就应该允许自己犯一点错误，受一点痛苦，不要轻看自己，不要怀疑自己的能力。托马斯·爱迪生的妻子曾经说："爱迪生先生总是无休止地运用排除法，努力解决某个问题。如果有人问他是否会因为多次尝试徒劳无功而泄气，他会说'不，我不会泄气，因为每抛弃一种错误的尝试，就让我又向前迈了一步'。"其实，每个人都是一座宝藏——拥有巨大的可待开发的资源，但是如果不行动，你就永远不知道自己拥有它们，也不能让它们为你效力。

---

[1] 阿尔伯特·哈伯德. 把信送给加西亚[M]. 余小，译. 南昌：江西人民出版社，2015.

拖　延

很多人认为做事需要先有动力，然后才能采取行动，其实这是错误的逻辑。喜欢拖延的人常常弄不清楚"动力"和"行动"的顺序，非要等有了心情才去做事，如果没心情做，就会一拖再拖。可事实恰恰相反，行动必须在先。

在每个岗位上，解决每个问题、制定每个决策都包含着一些人们不太擅长做甚至不喜欢做的事情，这是客观现实。对于那些不太擅长或者不太喜欢做的事情，人们的动力一定没有那么强。面对这样的工作任务和挑战，你想要逃避的冲动一定会非常强烈。如果你要等待自己有了心情再处理这些事情，那么这些事情一定会被无限期拖延。只有先行动起来，你的能量和积极性才会被调动起来，你的注意力才会从"不能做什么"转移到"可以做什么"，你的精力才会从"关注自己的心情"转移到"关注具体的任务"，这时事情就变得相对简单了。所以，针对那些看起来令你头疼的事情，只要你行动起来，达成结果就没有那么困难。产生拖延的另一个原因可能是，你仍然停留在之前所犯错误的阴影中。从本质上讲，昔日任何的错误、挫折、痛苦甚至耻辱，都是学习过程中必不可少的原材料，它们是通往终点的必经之路，而不是终点本身。如果你有意识地盯着错误，或者从内心对出错感到愧疚并由此贬低自己，那么你便被困在了"过去的自我"的牢笼中。这些错误本身就成了终点，而并不是你的目的，所以你要通过重塑自我形象、具象化、自我心理暗示和获得他人的情感支持等方式，"遗忘"过去，一路向前。

沮 丧

你认为你应该有能力解决问题，你认为你应该得到他人的理解并能轻松迅速地完成目标，你认为解决问题应该很简单而不应该太复杂，所以，当事情并没有按照你的预期发生时，你就会表现得非常沮丧，往往会轻而易举地选择放弃。这种沮丧情绪的导火索往往就是"应该"句式。你在与上司沟通时，可能会埋怨："我的姿态已经够低了，他应该可以接受的。"当上司不能够接受时，你的心情便会变得糟糕起来，开始怀疑与上司沟通到底有没有意义。你之所以会沮丧，是因为你习惯于将现实和大脑中的理想世界相提并论，如果这二者不对等，你就会谴责现实。当意识到现实很残酷、很骨感、难以改变时，你便会在潜意识中将对现实的失望转化成逃避的心态，从而选择活在自己心中的理想世界里。而做出这种选择的人，在现实中可能会经受更多更大的痛苦。

怨 恨

在众多情感中，你尤其要觉察"怨恨"是否会阻碍你的行动。怨恨是从情感上对过去发生的某些事情进行重复和清算。如果你是一位销售人员，那么你可能会怨恨主管明明知道自己的区域产能低，却分配给了你很高的销售指标，而与他关系好的同事划分到的是客户资源极其优质的区域，但销售指标却和你差不多。这让你产生了很不公正的感受，怨恨由此而生。也就是说，怨恨的典型表现是，人们企图将自己的失败解释成不公正待遇。作为失败的一服安慰剂，怨恨者将事情的进展不顺利归因于外部，认为应该由他人对问题负责，所以他们会放弃对目标的主动追求，不会创造性地解决问题。怨恨会消耗人的巨大能量，而这些能量本应该用于追求目标。

第三节　培养成果导向思维模式

合理冒险，敢于行动

　　成功者和失败者的区别往往不是前者能力更强、想法更高明，而是前者有一股敢拿主意赌一把、敢在缜密掂量后合理冒险、敢于行动的勇气。成功者往往不会受到外界的干扰，不担心犯错误或栽跟头，不顾虑自己是否显得愚蠢，因为这些思考和顾虑会分散他们的精力，会让他们表现得犹豫踌躇。成功人士身上都有"果决"这一特质，他们通常能高度"智能化"地思考解决问题的可能路线，分析每条路线的优缺点，然后在各种美中不足的选择中果断决策。人们通常把勇气看成是战场上、危难时才需要表现的特质，然而日常工作和生活中也需要勇气。勇气是一种情感的推动力，是把你推出紧张不安、焦虑恐慌状态的一种智慧。

　　成功者的成熟度还体现在，接受现实中从来没有任何事情是绝对正确或绝对错误的，对一些人是正确的事情对另外一些人就是错误的。绝大多数成功的获得，都是众多看似正确或错误的决策组合的结果。因此，你要透彻分析形势，在头脑里把各种可能的行动过程过滤一遍，再想想每种行动过程可能带来什么后果，再选择最优的行动方案，然后为之奋斗。你如果等到完全肯定、绝对正确后再采取行动，那么你永远都会慢半拍。彼得·德鲁克说："万事俱备才行动的人是庸才！"所以，你要勇于承担一定的风险，只要此类风险是可预见的、可管控的。在任何一种情况下做出的任何决定都有可能是错误的，但你不可以因为可能出错就放弃对目标的追求。要想解决问题，你就要勇于冒着犯错误的风险，冒着可能失败的风险，冒着可能遭受羞辱的风险。

当今职场的要求是"快"与"变"，要想适应甚至超越这种苛刻的要求，向前迈出一步总比待在原地束手待毙要好。因为一旦开始行动，着手向前，你便有机会在前进的途中纠正错误的路线。组织具有多样性和互赖性的特点：多样性是指人们在目标、价值观、利益关系、预期和理解方面存在的差异；互赖性是指两方或多方由于在某种程度上相互依赖，从而对其他各方拥有一定控制权的情况。如果问题牵涉的人很少并且人们之间的差异较小，迅速有效地解决问题就相对容易。但是，当相互依赖的各方彼此间差异很大时，他们就很难对该做什么、何时做、由何人来做等问题达成一致。也许对于你而言很重要的事情，其他人有可能会采取拖延、阻碍或破坏行动，从而阻碍你目标的达成，因为这个目标的达成对于他们而言根本不重要。这时，如果你过早地表现出沮丧和失望，过于简单化地把问题归因为其他人的不担当不配合，甚至贸然对他们的人格人品做出评价，你就不能对现实环境的复杂性形成客观正确的认识，从而成为情绪的牺牲品。

以积极态度面对冲突

人们不应只放大组织复杂性的弊端，而要看到复杂性带来的优势。由于组织具有多样性和差异性，所以人们在解决问题和决策过程中就能获得更多的信息，看到事情的全貌，才会制定出更系统、更具有战略性的解决策略。研究表明，这种情况下做出的决策往往效果更佳。以新产品开发为例，如果由工程师单独开发新产品，那么流程最好管理，但他们开发出来的产品往往技术一流却不能迎合市场需要；如果让营销人员过度参与产品开发，那么开发出来的新产品档次会偏低，技术上不具备任何优势，因为他们更关注销售过程中可能遇到的困难。所以，新产品开发的过程通常需要多个部门协同参与，开发过程中的冲突一定会很多，失望和沮丧一定会很多。这些情绪不应成为继续行动的绊脚石，而应该是问题的一部分，所以你要正视并尊重这些情绪问题的存在，有意识地在解决问题的同时关注人们的感受，努力实现"我"与"你"、"人"与"事"的平衡。

解决问题情商能力高的人会以积极的态度面对冲突，而且不奢望能一次性地解决冲突。有人抵触，有人沮丧，有人漠视，面对这样的复杂局面，谈判、商讨、妥协、坚持、对抗和合作等都是解决冲突的有效手段。不同的手段传递着不同的情感能量，在他人身上所得到的反馈也会大大不同，甚至会影响目标能否达成和人们的身心健康。

积极处理好他人的情绪

处理好他人的情绪，与处理自身情绪一样，也是解决问题和做出决策很重要的一个方面，当然也绝非易事。处理他人情绪可以借鉴处理自身情绪的方法，举一反三。

首先，如同自我观察一样，你可以通过"言"和"行"两个方面观察他人的情绪波动。"言"就是所说的话及说话的方式，例如命令的口吻、说反话、质问、默不作声、用大量的否定句式、拒绝发表意见等，都在传递着负面情绪；"行"是外在的肢体语言信息，例如仰靠在椅子上、上扬着眉毛、下撇着嘴巴、身体僵硬、腿一直抖动等，也都在传递着负面情绪。通过观察他人的言谈举止，你可以识别到对方逃避、抵触、忧愁、畏惧和恐慌等情绪状态。

其次，你要认可并接受对方情绪，而不对其进行评判。如同全盘接受自己的情绪感受一样，无论他人的言行如何令你感到不悦，无论给你带来多大的压力，你都需要先接受"这个人有情绪"这样的客观现实，而评判和对抗会激化对方的情绪。积极的情感会让你离目标越来越近，消极的情感会让你离目标越来越远。因此，在他人情绪化时保持自己情绪状态稳定，这才是高情商的表现。

再次，你要进行换位思考，探寻和理解对方的情绪根源。你要询问和倾听，以"你"为主语进行开放式的提问，花些时间耐心聆听对方，尝试重复对方的话，总结提炼对方所要表达的观点，让对方感觉你在意他，你关心他，你理解他，你不评判他，你不以自我为中心。行动上的同理心会帮助你体验他人的情感，理解他人的意图，找到问题的根源。

最后，你要引导对方的情绪。每个人的认知都是有局限性的，对方之所以会产生消极情绪，是因为他从看到的事实里编织了自己的故事，这个故事是基于他的需求和认知虚构的。要引导对方的情绪，你就要耐心地向对方讲述你的故事、你的认知和推断。然后，双方各自扩展自我认知，基于更广泛的事实，重构故事内容，形成共同的故事，共同找到解决方案。所以，引导对方的情绪并不是让对方完全接受你的观点和目标，而是双方在深入了解彼此后，都愿意主动做出调整，从而有效地解决问题。

第四节　优秀决策者的特质

研究表明，能够解决复杂问题的人及优秀的决策者都有一些共性的特质。

做事懂得轻重缓急

如果一想到手上有那么多尚未处理的事情就让你焦躁不安，影响你解决问题的注意力，那么提高工作效率最有效的办法便是将工作任务排序，将时间用在完成重要目标的工作上，否则你的时间就会被消耗在一些琐事上。另外，低效的工作模式又会加重你的焦虑感和压力感，例如你可能会发现自己花费了数小时才解决的问题本应是由他人来解决的。分清轻重缓急需要你遵循四个方面的原则：能够长远地看问题，拥有大局观，善于独立思考，内心拥有很强的道德观念。正如孟子所说的"人有不为也，而后可以有为"，这意味着无论受到怎样的诱惑，你内心的价值观必须保持不变——专注于优先级较高的活动。

你所列出的优先顺序必须反映出你的目标价值。在难以决策的时候，通过找出目标并建立优先顺序，你就能在任何情况下做出最好的选择。优先顺序必须是你自己的优先顺序，而不是以别人的喜好来建立的。经过慎重考虑列出的优先顺序，能帮你克服各种冲突；当你需要确定下一步该往何处去时，优先顺序能使你有方向感；当你必须做决策时，你无须焦虑、犹豫、彷徨，因为优先顺序可以让你更快、更清楚地知道该做什么决定。当你设定了目标，列出了优先顺序时，你就能充分发挥出自己的实力和潜能，你的情绪也不会因为别人的想法和做法而受到影响。

善用内外部人脉资源

研究者在对硅谷的电脑软件公司和硬件公司进行研究时发现，迅速发展的企业与业绩平平的企业之间最关键的区别是，经理人在决策之前能否从经验丰富、处事公正的人那里寻求建议。这些人一般是公司内部员工，他们像公司顾问一样，是经理人的决策反馈者、建议提供者以及信心支持者。这些人通常非常了解公司的运作，愿意而且能够给公司提供广泛的、非私利的指导和建议。研究表明，通过向这样的员工请教，经理人往往能更容易做出重大决策，而且能够事半功倍。当然，有时最好的建议并不总是来自身边的人，聪明的决策者在决策时也会咨询外部关系中背景多样的人的观点和见解，这样就能保证他们做出更加精准的决策。

去和那些聪明的、经验丰富的人交谈自然是很好的，但要想充分发挥他们的价值，善于倾听就变得尤其重要。除非你是一个倾听高手，否则你只是多了一个倾听对象而已，拓展思路、获得见解的目的完全没有达到。不要通过滔滔不绝的表达试图在这些人面前证明你的睿智，因为他们很清楚真正睿智的人是善于提问、倾听、理解和整合的人。要记住，你进行人际互动的目的只是获得更多信息，而不是寻求他人的决策，你必须有勇气承担决策的责任。

总是能让大家对决策达成共识

人是一种复杂的动物，每个人都有独立的思维和情感，每个人所处的立场不同，看待事情的角度不同，所面临和解决的问题也不同。例如，你作为一家企业的人力资源专员，接收到了营销部门的用人需求。对方希望尽快招聘到具备基本销售能力的业务人员以缓解该部门的业绩压力，其最为看重的能力就是候选人能否尽快入职并迅速带来业绩。而你要从人力资源部门的立场出发，同时还要考虑候选人的薪酬情况、履历背景、综合素质和长期留任等一系列问题。同样是招聘员工，人力资源部门与销售部门站在不同的立场，虽然需要达成的结果是一致的，但是在达成结果的过程中，各自的关注点却不尽相同，因此决策的过程中就可能出现分歧。

面对上述情况，我们需要做的是，先统一问题，再解决问题，否则双方心中对问题的界定不同，便不能达成一致的解决方案。人力资源部门希望找到期望薪酬合理、履历丰富、综合素质过硬、能够持续带来业绩的候选人，以减少未来人员流动的风险；而销售部门只希望招到能够尽快入职以解燃眉之急的候选人。两个部门对目标的理解分歧很大，如果此时就着手解决问题，那么过程一定会困难重重——销售部门会认为人力资源部门办事拖拉，效率低下，故意为难；而人力资源部门也会备感压力，认为对方不理解自己的良苦用心，不顾及企业大局。

从问题的本质来分析，问题是现状与目标的差距，是现有状况与期望结果之间的差距。要想快速有效地解决问题，减少或降低过程中的矛盾冲突，双方对于现状的理解必须达成一致，并且对期望达成的目标形成共识。此时，双方对问题的认识才会统一，才有可能就解决问题的策略达成共识。所以，双方必须先统一对现状的理解——既从企业大局出发，又要考虑用人部门的实际情况，然后就目标达成共识，在最短的时间内，筛选符合企业基本要求的候选人，合理调整并缩短招聘流程，使候选人尽快入职。在明确了现状，统一了目标之后，人力资源部门和销售部门面对的是同一个问题，于是就可以一同来想办法解决了。

能有效处理突发事件

在复杂的组织环境中，再周密的计划也要面对突发的紧急事件，甚至危机事件。此时，你要以最有效的方式处理紧急或危机事件，以最大限度地减少损失。

- 保持冷静。如果在紧急或危机事件面前你的情绪失去了控制，你就很难根据当时的情况做出理智的决定。这时，你要采用自我心理暗示的方法，告诫自己"我曾经在压力下解决过更困难的问题，这个问题我同样可以解决""现实难以改变，我有勇气面对"。这些暗示能让你冷静下来，并能让你将精力集中于处理问题方面。
- 分离出主要部分。危机的发生可能会造成一定的时间、金钱和材料等方面的损失。对此，你要确定哪些损失可以接受，哪些损失一定要避免。将问题的根源分离出来，将有助于你处理真正重要的问题。你的目标是解决问题，即在不造成重大损失的前提下将事情进行妥善处理。如果某一设备的停产造成了一份重要订单的生产延迟，而延迟交货会造成某个重要客户的重大损失，而无法履行对客户的承诺所造成的损失是你无法承担的，那么你可以要求维修部门加班修理设备和零部件，或调动其他生产线协助赶工，暂时搁置较次要的工作。

在解决问题的过程中，你要灵活变通。首先，在做决定时，你一定要非常坚定；其次，在情况适当时，你也应当准备好做出一些改变；最后，变通也意味着可以接受一些不那么完美的方案，甚至随时做好放弃原有计划的准备。

善于总结，减少决策失误

自然界的成功规律就是尝试—失败—调整—再尝试—再调整。面对这样的规律时，你需要强大的情感力量作为支持，才能表现出勇气、坚韧、毅力和自强不息的品质。人们必须在遵循自然规律的过程中经受各种情感的历练，有效管理自身的行为，以产生最有效的结果。在每一次决策之后，总结经验教训是一种非常有益的方法。优秀的决策者善于总结，总能吃一堑长一智，总会避免犯同样的错误。因此，做的决策越多，下一次决策时的遗憾就会越少。获得的知识、总结的经验和教训会在潜意识里形成直觉，这些直觉会帮助你在重大问题面前做出有效的决策。

第五节 解决问题情商能力对工作的影响

情商能力低的影响

解决问题情商能力低的人在问题面前容易成为自身情绪的受害者，易被担心、焦虑、恐惧等情绪左右，更希望由他人解决问题和制定决策。因为此类人大部分时间都会受到负面情绪的困扰，他们很难将精力专注于问题的解决上。他们认为，自己对事情的结果无法掌控，感觉束手无策、无能为力，甚至忧心忡忡，以致整个人表现得相对颓废。同时，负面情绪会令他们陷入其头脑中所编织的各种故事中，这不仅会加重情绪困扰，还会让他们离客观现实越来越远。此类人面对问题试图逃避、犹豫不决、茫然慌乱、自信不足的表现会令他人质疑他们解决问题的能力、领导能力、果决力、判断力和执行力。

情商能力高的影响

解决问题情商能力高的人在问题面前能摆脱个人情感的困扰，表现得理智冷静、果断坚决，执行力和行动力比较强，具有成果导向思维模式。此类人不畏惧解决问题时所面临的困难，对于计划好的事情一定会想办法完成。无论遇到了怎样的事情，这些事情引发了怎样的情绪波动，此类人的决策都很少受到情绪的妨碍，他们会表现出较强的自我情绪掌控力和对结果的掌控力。即使对于比较棘手的问题，他们也能够迎难而上，保持注意力。此类人更容易赢得上司、同事以及客户等相关利益方的信任，因为职场中的大多数人都非常看重结果，而在达成结果的过程中，此类人通常能够满足大家对于达成结果的期待。

解决问题情商能力过高也会有风险。虽然解决问题不应该受到个人情绪的影响，但是你也不可以有意识地选择"关闭"自身情绪。如果你自身的情绪状态不能及时有效地调整，同时你也不关注他人的情绪状态，那么这种"关闭"情绪的处理方式可能会令他人感觉你冷漠无情，这种感觉会影响到他人在解决问题的过程中的参与度，造成你获取不到足够的支持。

第六节　解决问题情商能力发展策略

清晰地定义问题

研究结果表明，解决好问题的关键（70%）在于定义问题，剩下的（30%）在于解决方案。如果问题界定清晰，寻找解决方案就会更聚焦、更容易。在面对问题时，你先不要急于行动，而要冷静下来清晰地定义问题。定义问题时，你要摒弃个人情感因素的影响，区分客观现实与主观判断，尽可能做到以事实为依据。当从众多的信息和现象中剥离出问题的本质时，你的担心和顾虑就会大大降低，这将有利于你聚焦问题的解决，并且对解决问题充满信心。

立即开始

解决问题考验的是人们的思考力和行动力。问题得不到解决主要有两个原因：要么从未开始解决，要么总是解决不了。说到底，这两个原因都是情绪作梗的结果。以下两种思维模式将有助于你摆脱情绪的干扰：

- 很多事情是在做的过程中想明白的，而不是想明白才去做的。一项工作最困难的部分通常就是开始的部分，一旦开始某项工作，你的"灵感"便会随之而来。因此，你不要等到想明白了或者觉得想做时才去做，而要有计划地开始行动并持之以恒。
- 面对现实。大部分工作不会因为你早做或晚做而变得容易，因此你要把工作分解成多个行动步骤，使每个环节都容易实施且容易掌控。制订计划后马上开始工作，有系统地跟进反馈和修正，那种得心应手的感觉会助力你圆满地完成任务。

追求结果而非完美

过分强调完美通常会带来负面的效果：怕犯错误、畏缩不前、只关心别人的想法却忘了要解决问题。以结果为导向的人知道分清事情的轻重缓急，会花合理的时间做特定的工作，然后严格遵守完成的期限。他们知道做到什么程度是恰到好处，有些工作根本不值得花费太多的时间和精力，即使是十分重要的工作。真正有生产力的人也知道要追求的是结果而非完美。

放弃完美需要自律性的支持，因此你要设定自己的优先顺序，评估自己花在某些事情上的时间，要求自己花在某项工作上的时间不得超出计划的时间。如果额外付出80%的时间完成了无足轻重的20%的结果，那么你也许会失望地发现你额外的付出得不到应得的回报。例如，上司或同事可能根本不在意这部分工作的成果，于是你感受到的可能不是成就，而是后悔和懊恼。你需要将提升整体效率和生产力作为时间管理的前提，努力培养自己追求结果而非完美的习惯。

消除"噪声"

管理学大师彼得·德鲁克将与绩效和贡献无关的事情统称为"噪声"，也就是说，你要将与绩效和贡献无关的事情统统抛弃。只有噪声越来越少，你才会越来越有专注力，你的产出也才会越来越高，所以你要大胆地对这些噪声说"不"。噪声的来源之一是外部。如果你发现你的时间被各种琐事占用，而且你很难开口说"不"，你就需要重新审视你的目标和优先顺序，并且用明确的标准去判断哪些应该果断地说"是"，哪些应该有礼貌地说"不"。噪声的另一来源是内部，即个人情绪的干扰。在面对问题时，你要及时觉察和调整情绪，让自己冷静下来思考："我的情绪是什么？它在传递着什么信息？问题的根本是什么？问题形成的原因是什么？解决问题的方式有哪些？需要哪些资源和外部的协调来辅助解决问题？"当梳理好了这一系列的反省与自问后，你的情绪就会稳定下来，你就会将时间和精力投入到问题解决中。

第十一章
事实辨别

案例：事实真相化解了刘赛的担忧

在公司做年度绩效评估时，作为部门主管，刘赛强调考核结果一定要公平公正。他特意在会议室里做了看板，在每条考核项下方列出了1~5分，要求部门人员逐一进入会议室，对他人的每条考核项做出不记名评分。小王和小张是部门两位最有影响力的员工，刘赛特意让他们在最后做评估。不出刘赛所料，小王和小张两位员工得到的评分最高。但是，当刘赛看到小王和小张最后的评估结果时，他大吃一惊，因为他俩都给对方在某些项上打了最低分。刘赛当时非常气愤，感觉这两个人素质太低，竟然相互打压对方，置部门"公平公正"的评分要求于不顾。

刘赛默默地回到办公室后关上了门。小王和小张的表现令他非常失望，难道真如他揣测的那样——他们在排挤对方？会不会有什么误会呢？ 刘赛心情慢慢地平静了下来，他觉得这种年度绩效评估的形式很好，能暴露出隐藏的问题。刘赛决定约小王和小张分别沟通，想要找到他们貌合神离背后的事实真相。当分别沟通后，刘赛发现确实有一件事情导致了双方的不满。事情的背景是这样的：一名新员工曾经加入小王的团队，在一件事情上需要小张帮忙，当时小张手头有重要紧急的事情，把这件事给忘了，这让小王很不满，认为小张没有合作意识。在了解了真实情况后，刘赛把二人约到一起。在双方坦诚沟通并消除了误会后，小王和小张表示在今后工作中会更好地合作。

案例中的刘赛在看到小王和小张的相互评分后很生气，在负面情感的引导下，他立刻做出了二人"素质低""排挤他人"的评判。值得庆幸的是，刘赛及时意识到了这些主观评判很可能是偏离现实的。他回归理性后，决定从客观现实中了解问题到底出在了哪里。果不其然，现实中二人确实有误会。最后，通过双方的坦诚沟通，他们的信任关系得以重新建立。

第一节　事实辨别就是要遵循客观现实

事实辨别即客观、实事求是地判断一个事物或事件。要想正确地辨别事实，首先要满足的条件便是你要抛掉主观的情感因素，尽可能地做到客观、公正和冷静，不被自己的情绪感受干扰，从而看到事物原本的样子。尤其是在决策的过程中，事实辨别是一项重要的情商能力，因为在问题面前情感总是优于理性先行的，人们总是会形成一些先入为主的主观评判，从而影响分析问题、理解问题和解决问题的客观性。

事实辨别要遵循客观现实，追求真理并用事实说话，这就要求人们具有应对各种不同环境的能力。如果你想有效应对环境，你就必须承认与环境有关的事实，并在看清事实的真相后，做出正确的反应。因此，能意识到情感对决策产生的影响，不被自己的情感蒙蔽，认清真相，接受真相（无论它是好还是坏），都是非常重要的情商能力。畏惧事实的人、喜欢报喜不报忧的人，在职场中屡见不鲜，原因在于人们不希望看到事情没有按照预期发展，不喜欢听到各种意料不到的突发事件，不愿意承认当初的判断失误。总之，人们的内心没有足够强大到能够面对残酷的客观现实，因为现实往往令他们感到失望和压力。

在现实中，大家会发现一个非常有趣的现象：个体在做决策时容易被情绪引导，会经常基于"看起来是正确的""认为就应该是这个样子的"这类感觉和直觉做出决定，会不由自主地成为情感的仆人；然而，个体在判断他人的决定是否正确时，却更倾向于相信客观的事实真相，不愿意接受有过多感情色彩介入所做出的决定。也就是说，在一个人评判他人决定时，他人总是会要求评判者摒弃掉个人情感的主观因素，要以足够的客观现实为依据。这说明大家心里都很清楚，情感因素会让人偏离客观现实，而偏离客观现实的分析、讨论和行动等都会使人事倍功半，甚至是毫无意义的。

遵循客观现实是一种思维模式和决策方式，是一种求真务实的态度和作风。拥有这种能力的人有一颗开放的心灵，对真正的危险和可能性保持敏锐，并且不再会为一些实际上无关紧要的事情而紧张焦虑。以下几个方面有助于你在实际工作和生活中做到遵循客观现实。

情绪觉察

对自己情绪察觉和处理能力越好的人，保持客观的可能性就越大。当一个人的情绪状态很明显时（例如充满愤怒或悲伤），他就很难做出合理的决定。有时，并不明显的情绪也同样会干扰你的理性分析和判断。人首先是情感动物，日常生活的常见情绪必然会带来一些偏激、主观和不冷静的表现。人无法根除这些情绪，但要清楚这些情绪会对事实的辨别产生什么样的影响，以尽量避免陷入情绪陷阱。

不同的情绪状态对决策会有不同的影响：如果在决策时过于紧张和担忧，你就会做出非常谨慎保守的决策；如果过于兴奋，表现得过于自信，你就会丧失对风险的防范意识，从而做出不切实际的高估或预判；如果遇到问题时过于担惊受怕，防范意识过强，那么你所做的决策只能保证最基本的安全，并且可能会为此目标而付出任何代价。所以，无论是哪种情绪状态下所做的决策，都可能会给个人和组织带来巨大的损失。

因此，面对问题做出决策时，你首先要通过观察自己的肢体语言、面部表情、语音语调、说话的方式和内心的感受等觉察到自己的情绪状态，要待你恢复到理智、客观和清醒后再做决策。

独立思考

当面临较严肃的问题时，你首先要进行自我独立思考，形成自己对问题的分析和事实的论证，而不要过早地让他人的想法和判断干扰你的思路。其次，你要总结经验，包括个人直接经验和他人的间接经验。个人直接经验就是之前成功和失败的亲身经历，它们是最好的学习素材，正所谓吃一堑长一智；间接经验就是观察或了解到的其他人的经历，你要思考他人的哪些做法值得借鉴，哪些做法需要摒弃。最后，独立思考并不是独自思考，因此你还要学会征求他人的意见。旁观者通常会更加清醒地意识到问题的核心，让你看到问题的不同侧面和存在的各种可能性，帮助你发现问题的本质和客观地判断形势。

同理心倾听

情绪觉察和独立思考都要求决策者既担任主体又担任客体，并尽可能做到理智大于情感，从而从自身情感营造的主观世界中走出来，并走进现实的客观世界中。这对决策者的要求很高，所以他们并不是每次都能做到，即使做到了，他们所看到的客观世界的维度也未必是完整的或真实的。因此，要获得更完整更真实的关于客观现实的信息，你还要能做到同理心倾听——要有意愿倾听不同的声音，听取不同意见，兼容不同的观点甚至批判的声音，并在必要时有勇气否定自我，接受每个人都有认知偏误和思维局限这一客观现实。

坦诚表达

当别人需要理解你的观点和结论时，你要做到坦诚表达。尊重客观现实的人是开放的、坦诚的，表达时不仅能描述自己的观点，还能描述观点是基于怎样的客观现实推断出来的。尊重客观现实的人不会受到各种欲望的诱惑，而能够做到实话实说。同时，他们也很清楚自己所能代表的只是个人观点和见解，他人可能会采纳他们的观点，也可能不采纳，毕竟有些问题没有简单的答案，甚至没有解决的办法。因此，基于信任进行坦诚开放的沟通，一定能起到兼听则明的效果。

接受负面消息

有时，有利于生产的决策可能不利于研发，有利于研发的决策可能不利于生产。决策通常是在对众多既矛盾又统一的多种因素综合考虑后做出的，所以通常是不完美的，是决策人认为在众多可能的路径中最可取的。所以，无论是决策人本身还是决策会影响到的相关人，都要有听到负面消息的思想准备。保持客观冷静的人一定不指望事情会直线型地发展下去——执行决策的道路一定是崎岖不平的，各种情况都有可能出现。面对事情进展的各种不顺利，你要有思想准备，即有的人会幸灾乐祸，有的人会推诿指责，甚至有的人希望事情夭折，等等。这些思想准备能让你以客观的心态面对现实，因为并不是所有人都会全力以赴地支持一项决定，质疑和否决本身也是事实的一部分。

你要感谢那些指出问题症结的人。你可能不完全同意他们指出的问题，但要耐心倾听，以确保自己能从多个角度来看待问题。尤其是当需要进行集体决策的时候，你更要让所有人知道问题的真实情况，最终才能形成明确的问题解决方案。只有从客观现实出发，探求事物的内部联系及其发展规律，你才能认识到事物的本质。不自欺，全力看清事实，即使事实不令人愉快，你也愿意直面它，同时保持客观理智，做出正确的决策。有一句格言说得好："重要的不是谁对谁错，而是什么才是对的！"所有的问题不过是人们从自己的视角去理解而形成的判断罢了，实质上没有对错。所以，你要有意识地辨析"事实"与"判断"，意识到个人的认知和偏见如何对行为和决策产生影响，避免用线性的、单一的、短浅的眼光看待事物，而要从不同的角度出发，发现更多的可能性。

有些人拒绝接受坏消息的另一个重要原因就是，担心事实妨碍或破坏他们在他人心目中的完美形象。所以，尽管很多时候当事人很清楚坏消息是真实的，但是他们宁愿选择自欺欺人。这种掩耳盗铃的做法会让他们持续活在自我主观的世界中。客观现实主义要求人们在客观现实面前勇于承认错误，而承认错误的目的在于改正错误，让自己行驶在正确轨道上，因此个人的面子和形象在重大的决策面前理应做出让步。同时，你无须因为错误而哀怨，人无完人，再成功的人也做过很多错误的决定。重要的是，你要采取行动纠正错误，然后继续前进。

定期反思

经历固然重要，但只有经历还远远不够，你还要通过反思来提高认知水平。也就是说，你要定期以复盘的方式检查自己的推理过程，让自己站在客观、理智的角度，全面审视辨别事实的全过程，通过客观现实来证实自身的感受、认知和判断。反思就是对思考的思考：自己为什么当初会那么想？为什么会做出那样的判断？为什么会在众多因素中重点关注那一点？为什么没有采纳那条很重要的意见？人们的所有选择、判断、评价、推理和观察等都涉及思考。一些思考引发了好的结果，而另一些思考却并没有，所以反思比思考更难。虽然在很多情况下，人们确实是在遭受了挫折后才进行反思的，但这并不代表人们只应该在遭遇挫折后才进行反思，任何一次重大的经历都值得反思。

眼光长远

很多人之所以在问题面前自欺欺人，是因为他们不敢想象客观面对现实会带来怎样的情形，这种想象令他们充满恐惧和焦虑。因为人的本性是趋利避害的，所以很多人就会变得短视，只求当下的安全和局面可控。其实，不论未来如何艰难和残酷，我们都要放眼未来，把头埋进沙里的做法丝毫不能减少现实的残酷性，而只会错过良好的时机。事实辨别并不仅仅要求人们了解和接受当下的事实，了解和接受社会变化、市场变化和组织变化等各种变幻莫测的事实，还要求人们融入快速发展的时代和组织变革的潮流中，在意识到需要做出改变的时候就下定决心接受即将进入艰难时期的现实。只有抓住机会做出重大改变，对重大错误的决定及时调整修正，你才能从更深层次解决问题，永绝后患。

具有好奇心

尊重客观事实的人都具有好奇心。每个人的存在都是一种事实，每个人有不同的观点也是一种事实，对于同一件事每个人的观点可能不同也是一种事实。尊重现实意味着尊重不同，意味着你将试图理解为什么会有这些不同，每个人背后的认知和逻辑有什么不同。职场精英能够在听到不同的声音后做出整合性的决策，前提就是对人对事持有开放的心态、充满好奇的心态、探索未知的心态和求同存异的心态。职场精英的眼中没有评判，没有标签，没有取悦，而只有体验好奇心带来的纯粹的乐趣。

第二节　避免情感现实主义的陷阱

与客观现实主义对立的是，情感现实主义。具有情感现实主义的人不是在了解客观现实后再做出判断，而是在现实中寻找事实来验证自己的推断是正确的。任何时候，只要你凭感觉认定某件事是真的，那就是情感现实主义的表现。例如，你认定某个人很自私，所以就会不自觉地在现实中寻找他是自私的证据；对于现实中存在的体现这个人其他特质的事实，因为和你的观点不一致，你通常会视而不见。所以，情感现实主义造成的一个后果就是选择性忽略。情感现实主义如果得不到控制，就会使人变得认死理，不知变通。

著名的组织心理学家克里斯·阿吉里斯（Chris Argyris）认为，造成情感现实主义的主要原因是人的认知偏误和局限性思维。[1]认知偏误即认知偏差、认知偏见，是可导致感知失真、判断不精准、解释不合逻辑或各种统称"不合理"的结果。很多时候，人们明明知道认知偏误的存在，为什么还会一味"纵容"其对自己的决策产生影响呢？因为认知偏误可以让人们免于体验一些负面情绪。当发现新信息与固有认知不符时，人们会感受到负面情绪，包括自尊心受挫、羞耻感和不安全感等等。在感受到这些心理压力时，人们就会开启防御机制，对已有观点反复求证，甚至避免接触可能挑战已有观点的信息，并会选择性地忽略一些与自己观念相左的信息，同时也更容易被那些能印证原有观念的信息吸引。

尽管人们在情感上非常不愿意接受自己的认知是有局限的，是有偏见的，但现实中的这种局限和偏见大量存在，而且无时无刻不在影响人们的决策。情感源于认知，认知就是支撑人们思想和行动的信念。人们之所以执着于依靠自己的局限性思维决策，很主要的一个原因就是为了维护自己的信念——很多人具有先下结论再去寻找对结论有利的证据的决策风格。

认知偏误和思维局限是成长过程、生活阅历和社会环境等不断影响人们认知的一些负面结果。每个人在特定社会环境中的经历和体验都是有限的，无论这些经历和体验是主动的选择，还是被动的接受。体会越深，感受就越真切。对于没有过的经历和体验，因为没有切身感受，你就会选择忽略摒弃。如果你持有只有聪明人才能做好工作的信念，而你所定义的聪明是在某些场景下的某些行为表现，并且在某人身上你没有

---

[1] 克里斯·阿吉里斯. 组织困境[M]. 姚燕瑾，译. 北京：中国财富出版社，2013.

看到这些表现，那么你可能不会把一些有挑战性的工作交给他，尽管这个人很适合从事这份工作。无论其他人如何证明此人在某些方面表现得非常出色，由于你没有亲眼看到，所以你会拒绝承认这个事实。

认知偏误与大脑的工作原理密切相关。大脑只能处理所接受到的信息，体会越深的事情向大脑传递的信息越丰富。在遇到类似的事情时，大脑就会自动发出反应信号。大脑并不知道这些信号是片面的、主观的，它只负责处理所输入的信息，所以认知偏见和局限性思维一定会影响决策的全面性和客观性。要想避免陷入情感现实主义的陷阱，你就要学习质疑大脑认为的理所当然的事情，意识到这些所谓的理所当然只是你的一己之见，离客观现实可能相去甚远。在现实中，情感现实主义的表现主要有以下几个方面。

贴标签

贴标签是一个非常主观的评判行为，是脱离客观现实而形成的偏见，是用个人对某些概念的主观定义和所设定的标准对他人做出的评价。贴标签是对人进行的简单化分类，简单、易行，能够满足主观意愿，而且是一劳永逸的——当与相关人员再次打交道时，你无须再进行场景化的深度思考，你从曾经给他们贴过的标签中便能做出对他们的一个整体的判断，所以何乐而不为呢？贴标签是个体在自己的世界里而不是在客观的世界里对他人进行的评判。你之所以可以评判某人懒惰，或评判另外一个人不负责任，是因为基于你对勤奋和责任心的定义——他们的行为是不符合你的标准的。因为你在情感上在意，所以你在主观上对自己及他人在这些方面的表现就会设定很高的标准。同样的工作表现，在另外一些人眼里可能被评价为勤奋或有责任心，因为他们在这些方面设定的标准没有那么高。因此，对他人做出怎样的评判通常反映了评判者所在意的特质和品质。

标签的力量非常强大：人们很容易把偏见变成执念，一旦对某人或某个团体形成了负面评价，这种负面评价往往需要经过很大努力才能改变。在职场中，带着偏见与人合作一定不会顺畅，因为你可能恶意揣测扭曲对方的表现，双方对彼此的付出和贡献都不能做到客观公正的评价。

非黑即白

正如给人贴上标签一样，人们习惯于简单化地把事情一分为二：好的和坏的，黑的和白的，真的和假的，认真的和虚伪的。虽然一分为二的方法很简单，但是它在现实中容易制造冲突，因为在这类人的心目中，一切都是以对立面的形式存在的——对立的人、对立的观点、对立的团队等等，求同存异、和而不同对他们而言是很难的。其实，事实没有"好坏"和"对错"之分，只有真假之分。然而很多事实并不能被证实或者证伪，因为事实得以确认的基础是"人"以及人对事情的描述。人的可信度和对他人的信任程度对于辨别事实的真假会有很大影响，所以我们不能用"非真即假""非黑即白"来判断事实。

主观臆断

两位同事在窃窃私语，当你走到他们身旁时，他们突然停下来，而且看上去窘迫不安。此时，你的主观臆断很可能是，他们肯定在说你的坏话。当你看到上司在马路对面时，你很主动地挥手和他打招呼，然而上司没有任何反应。此时，你的主观臆断很可能是，上司对你有意见。

第一个场景的客观现实是两位同事在交谈时停了下来，而你的主观臆断是他们在说自己的坏话；第二个场景的客观现实是上司没有回应你的招呼，而你的主观臆断是他对你有意见。当一个人把主观臆断当作客观现实时，他就会陷入无尽的自寻烦恼中。这两个场景中的当事人在后续的一段时间里，心情一定会非常糟糕，甚至比较抑郁。

主观臆断是人的天性。在面对各种复杂的信息和矛盾时，人们容易主观臆断，尤其是自信心不足的人，会变相地、扭曲地分析所看到的事实。主观臆断最直接的结果就是产生误解。人们不能妥善地处理人际关系，大多是误解所致。前文案例中的刘赛，在看到小王和小张给彼此的评分后就做出了主观臆断，但为了避免产生误解，他主动去了解客观现实，并化解了二人之间的心结。只要大家能放下情绪，回到客观现实本身，诠释自己的关注点和推断，偏见就自然能得到纠正，事情通常就能得到解决。

偏听偏信

有的人同理心很强，会毫无辨别地全盘接受他人的情感和观点，无论他人说的是否客观属实；有的人内心很渴望得到认同，所以会不加思考地认同别人；也有的职场人士对于上司的话言听计从，即使上司的话是错误的，因为在他们的认知里，听话才是好员工。上述这些人的行动和决策的前提都不是客观现实，而是以趋同他人的情感取向为目的的。其实，他们并不是被对方的情感同化了，而是被自己的情感绑架了，因为内心安全感对他们来说很重要。他们不能以保持客观性和距离感的态度去审视他人、审视自己、审视环境，不能给予对方无条件的信任而将自己处于被动的局面。

有人比喻说，这些人在与人互动和面对问题时戴上了玫瑰色的眼镜——有选择性地抛弃或者忽视某些对自己不利的信息，看到的都是美好的画面。因此，他们要摘下有色眼镜，直面现实中的风险和挑战。要努力去了解一个人，你就要尽量全面地去了解事，看到人和事的多面性和复杂性，脱离自己的情感依赖性，基于客观现实做出判断。

对变化不敏感

对外界环境和变化不敏感也是事实辨别能力比较低的表现之一。将自己封闭在固有的环境中，不主动打开通往外部世界的通道，不积极获取宏观环境的信息，不能顺应时事的变化，或者看到了环境所发生的变化但是抗拒接受，这些行为就像将头深深地埋在沙子里的鸵鸟的行为——逃避现实，不敢面对问题。因为被困在自己的主观世界里，固守老旧的观念和固化的思维模式，这些人慢慢成了被时代抛弃的人。

事实辨别就是要求人们融入环境，与自己所处的时代和谐共处，与时俱进。当发现环境的变化冲击了已有的认知、观点时，你就要接受这一残酷的事实。这意味着你要有勇气做出改变。例如，当发现自己的思想与年轻人的思想有代沟时，你要坦然面对并接受，而不要试图改变年轻人的想法。要接受事实，你就要接受变化，拥抱变化，基于此更好地分析问题、解决问题，做出更好的决策，达成更好的结果。

第三节　事实辨别情商能力对工作的影响

情商能力低的影响

事实辨别情商能力低的人，是情感现实主义的典型代表，会不自觉地搜集那些符合自己情感特征的相关信息，会寻找证据支持自己心中所渴望看到的事实，无论是制定决策还是与人互动时都会带有个人偏见，审视问题的角度也不够全面。因为个人的情绪化和偏见会令此类人主观行事，他们对真实发生的事情会选择性地予以屏蔽，对事实的感知力不强，所以他们解决问题的可靠性将在同事心中大打折扣，他们所设立的目标对他人而言也可能不切实际。

情商能力高的影响

事实辨别情商能力高的人，在工作中有能力保持客观性，几乎不会曲解关键信息或让情绪影响现实，从而避免个人偏见。此类人了解自身的局限性，能够适应当下环境且关注手头任务，会主动协调相关资源。此类人因为具备谨慎、客观、脚踏实地的作风和实事求是的形势判断能力，通常会设立相对合理的目标，以及制定获得他人支持且值得信赖的明智决策。他人在制定决策和设立目标时，遇到棘手问题也会向此类人求助。

事实辨别情商能力过高也有风险：此类人看待事物有可能是非黑即白、非对即错、泾渭分明的，没有中间的灰色地带；情绪表现也会分化比较明显，要么生气，要么心平气和；此类人过于注重客观现实，会忽略直觉的重要意义，这种情况下的客观性反而不利于设定有创意且更有挑战性的目标。

第四节　事实辨别情商能力发展策略

前文中谈到的情绪觉察、独立思考、同理心倾听、坦诚表达、接受负面信息、定期反思等，都是事实辨别情商能力的策略。以下方式也有助于你培养此项情商能力。

多用描述性语言，少用评判性语言

描述性语言就是用语言描述事件本身而不带有任何推断和评判。例如"我今天早晨看到您在马路对面经过，冲您打招呼你没有回应我"，就是用描述性语言在描述客观现实。对方听到的是一个"画面"，并能看到画面里人物的关系。听到这个故事后，对方会基于这个客观现实给予解释，他的解释可能会化解你心中的质疑和负面情绪。如果同样一件事情，你的表达方式是"今天早晨你不理我，肯定是对我有意见"，这就是评判性语言——你不是在描述客观现实，而是对客观现实做出的主观评判。对方听到的是你对他的抱怨和指责，听到的是一种负面情绪。情绪具有传染性，你的负面情绪很容易引发对方的负面情绪，于是矛盾和冲突在所难免，信任关系就会遭到破坏。因此，为了提高事实辨别的情商能力，你要从训练自己的语言模式开始，试着更多地使用描述性而非评判性语言。

避免以偏概全

"我之前拜访的专家都没有给我什么有价值的建议,所以拜访专家根本没有意义""领导都希望下属多干活少拿钱""没有人会为你真心考虑的,所有委屈只能自己消化""我们大家很团结,所有的团队都应该是这个样子的",这些结论都是以偏概全的典型范例。一个人如果在某种经历中感受深刻,就会对所涉及的人或事做出总结性的推断。人的经历和认知都是有限的,所以用有限的经历做出全面的、概括性的判断是不合理的,也是不恰当的。以偏概全忽略了每个人都是不同的客观现实,会掩盖事情的真相,并让你带着情绪与他人互动,等等。

将问题细分

如果问题比较复杂,那么你要学会将问题进行细分。对每一个小的问题进行全面分析和推断会更容易一些,将这些分析和推断整合起来,会让你将事情的全貌看得更加清楚,也会让你更有信心做出最优的决策。如果决策比较复杂,影响力又比较大,你就要将决策进行细分,先在一个可控范围内做出一个小的决策,然后基于客观现实评价决策的效果;如果反馈效果好,你就会更有信心再制定下一个决策;如果反馈效果不好,那么你可以通过反思、同理心倾听等方式了解背后的原因,修正决策中不尽如人意的地方,并为后续制定更高质量的决策打好基础。

第十二章
冲动控制

案例：小林为什么如此冲动

会议室内，大家又一次陷入僵局，负责采购的小林脸红脖子粗地再一次拍案而起。事情的导火索是，质检部门的小冯在谈产品质量时，说产品质量一直上不去的主要原因与采购的原材料相关。小林立刻就跳了起来，说原材料是经过严格把关的，不要什么事情都推到采购部门头上，明明是生产工艺上不去……每次会议，只要有人提出采购部门的问题，小林就会表现得异常激动，经常把会议氛围搞得紧张不堪。今天，更令小林生气的是，公司负责运营的唐总也顺着小冯的话讲："我觉得质检部门的观点不无道理，你们采购部门要好好反思。"唐总的话音未落，小林就腾地站起来，这次他要和质检部门好好理论理论。

此时的小林完全没有意识到自己的情绪升温过快，犹如脱了缰的野马迅速冲出了理性的牢笼，在不顾及任何后果的情况下爆发了。小林在愤怒的情绪下，脑海里闪现的念头是"小冯在和他作对，领导站在小冯一边"，这让他的内心产生了极大的不安全感，因此产生了行为对抗。小林天生就是一个比较急躁的人，这样的性格让他在感觉不爽的时候容易冲动行事。性格会驱使人们在很多场合依本性行事，不顾及可能带来的后果，而往往这些后果是非常糟糕的。情商能够给性格穿上漂亮的外衣，如果小林能在意识到冲动的当下穿上冷静的外衣，镇静地聆听他人的反馈和建议，那么事情便会朝着好的方向发展。

第一节　抗拒和延迟冲动

冲动控制是指抗拒和延迟冲动性的行为，是指一个人在欲望或诱惑的驱使下，能做到三思而后行。冲动是由外界刺激引起的突发行为，带有盲目性，是人的情感特别强烈、基本不受理性控制的一种现象，是情感本能驱使的行为。人之所以会冲动，是因为在情绪高涨的状态下，人的认知和分析能力会骤然下降，所有的能量都强力聚焦在情绪点上。因为失去理智，你根本听不进去别人的劝告，所以你在冲动情况下采取的行动通常是鲁莽的、草率的、不计后果的。同时，冲动性行为通常也是短暂的，像暴风雨一样，来得很猛烈，消失得也很迅速。当冲动过后平静下来，你的认知能力会渐渐恢复到正常水平，别人的劝告在你身上也会慢慢应验，因此你会对自己一时的冲动行为后悔不已。

容易冲动的人对不满意的事常会通过吵架、发脾气等方式来解决，他们想通过自己的极端行为来向外界表达自己的不满和愤怒之情，为了达到目的甚至采用挑衅或暴力行为。这种情绪表达的方式犹如随手乱丢垃圾，既是一种素质低下的反映，又成了破坏环境（人际关系）的导火索。因为一旦情绪爆发，其他人就会被牵扯进来，虽然大家理智上清楚自己要保持冷静，但实际上人们对情绪爆发的回应方式通常都是以暴制暴，从而使事态进一步恶化。也有的人试图向冲动者解释一大堆道理，可是冲动者在情绪失控的状态下是失去理智的，对他讲道理只会火上浇油。当然，有的人的回应方式是忍气吞声，这犹如把垃圾扫到自家床底下——表面很平静，内心却滋生怨恨之情，对人对己都会形成伤害。

引发冲动的原因

为什么对于同样的刺激，有的人的情绪反应很稳定，而有的人却表现得很冲动呢？情绪的产生是有来源的，这个来源就是每个人内心的需求和认知。也就是说，情绪的产生是个性化的行为，与外在刺激之间没有必然联系。如果当听到别人反馈你的工作有问题时，你立刻感觉非常恼怒，然后本能地进入"战斗"状态，那么这种恼怒看似是由他人负面反馈引起的，其实不然，并不是所有人听到他人负面反馈都会产生恼怒情绪。这种情绪是由你心里的评判"他在说我坏话""他在与我作对"而引起的。这是你心里的念头，是你的认知，这才是引发你情绪激动的真正原因。在前文的案例中，质检部门可能会给很多部门提要求，但只有采购部门的小林反应最强烈，几次都在现场拍桌子。对于外界同样的刺激，不同人的反应方式和反应强度完全不同。小林之所以反应强烈，是因为他心里将质检部门的行为解读成了"他们专门与我作对""他们就是想让我难堪""他们有意在领导面前告我状"等。这些解读引发了小林强烈的抗拒心理，所以他产生了强烈的抗拒行为。

在人的大脑中，情绪感知和反应的速度要远远快于理性思考的速度，情绪化行为的本质是在感知到威胁时的一种本能反应。情绪感受是使者，在传递着关于自我的真实信息。观察自己在什么场景下容易冲动，背后的原因是什么，这样的内省非常有助于提升自我认识。引发冲动的原因主要有以下几个方面。

主观评判

心胸开阔、谦逊包容的人通常都能控制自己的情绪，他们无论在怎样的境遇下都能表现得冷静平和。更多的人在他人提出相反意见时很容易情绪冲动，其中一类人容易冲动的原因是他们自认为比一般人聪明，很少会把问题归因到自己身上——当别人指出他们有问题的时候，他们内心的想法是"你的水平还没有我高呢，凭什么对我指手画脚"。他们对他人的不同意见是否定和排斥的，而且过度的自信会让他们对他人的反对意见充满不屑和怒气。另一类人比较自卑，自认为比不上别人，脆弱的心灵禁不住外部的攻击。所以，当别人指出他们有问题的时候，他们内心的想法是"他们在有意让我难堪"。心理防线遭到了攻击，这令他们极其愤恨，因而爆发情绪。上述两类人都是基于他人提出了反对意见这个客观现实做出了主观评判，从而产生了负面情绪，引发了冲动性的行为。

缺乏耐心

有的人是急性子、直性子，不喜欢拐弯抹角，做事没有耐心。他们认为，事情就应该是那个简单的样子，两点之间就应该走直线，学了就应该会，下属就应该站在上司的角度考虑问题，同事之间就应该配合，一种方法被证明有效所有人都应该遵循，等等。这种思维叫作直线思维，是过于简单化地对人、对事物、对环境的认知方式。能客观面对现实的人从来不会做直线假设，因为自然界的本质是曲线的，很多事物的发展并不遵循直线规律。每一个人都是有差异的个体，在一个人身上行得通的做法在另一个人身上未必行得通，而且现实中的很多事情通常不按常理"出牌"。这就要求我们要培养耐心，坦然接受人和事物的进展都会遵循S形曲线或驼峰曲线的规律，冷静面对客观现实，然后理智地决定接下来可以做什么。

另一种缺乏耐心的原因是，有些人的心里经常会说"干了再说"。对他们来说，"干"才有意义，"干"的冲动非常强烈，而纯粹的思考和讨论会让他们很焦躁，会让他们觉得这是在浪费时间。如果说心、脑、手共同发挥作用才能达到最好的行动和决策效果，那么这些"干了再说"的人更注重发挥手的功能。心和脑是行动操纵的中心，如果它们的功能没有发挥，那么可想而知这些人行为的有效性将会如何。

生活和工作压力

尽管适当的压力能够给人以动力，能激发更多的积极情感，但是一旦压力过大，情感天平就会向另一端倾斜。如果这种失衡状态持续下去，人的情绪就会变得越来越糟糕。现在很多人都处于过度的压力状态下——竞争的压力、工作中的挫折、生活环境的变化和人际关系的日趋紧张等，这给他们的情绪带来了恶劣的影响。例如，紧张、焦虑和烦躁等负能量的情绪状态在工作和生活中占主导，使得体内积攒了大量的情绪垃圾。在这样的状态下，当遇到外部的负面刺激时，人们很容易控制不住自己的情绪，一点不顺心的事情就会像导火索一样引起他们负面情绪的爆发。

第二节　如何避免冲动

冲动的行为不是由外界刺激直接引发的，而是自我主观解读下的个性化行为。这意味着在遇到较强的情绪刺激时，我们应强迫自己冷静下来，迅速分析一下事情的前因后果，厘清事情的来龙去脉，再采取消除冲动的"缓兵之计"，尽量使自己不陷入冲动鲁莽、简单轻率的被动局面。那么，我们如何才能避免冲动呢？

识别情绪模式

被情绪绑架是情感的本能使然，如果情绪没有得到管理，人就会乖乖地按照它的意愿行事。每个人都有自己应对外部刺激时的情绪反应模式，每当遇到类似的情景时，就会产生相应的情绪和行为。这种模式一旦形成，在人们遇到外界相同的刺激时，就会迅速打开启动按钮。情绪模式一旦形成，就很难改变。

想要避免冲动，你首先要识别自己的情绪模式，从之前的经历中寻找自身情绪的活动规律。一个有敏锐感知能力的人能够在自己一次的情绪失控中回顾反思，通过总结、评估事情的前因后果，识别情绪的触发点和产生的原因，事先考虑好如果再次遇到同种情形会如何应对，从而达到提升自己情绪调控能力的目的。你还可以试着将自己容易冲动的场景写下来，问自己："自己的情绪表现究竟如何？情绪触发点在哪里？如果再次发生类似事情，那么我需要调整的是认知还是行为反应模式？"

识别情绪模式需要人们从观众的角度客观地观察和分析自我。首先，你要自我观察情绪波动，包括体验到的情绪、背后的原因分析及所产生的影响。其次，你要分析所觉察到的信息，进行自我反省。例如，当别人表现怎样的言行时，你会比较容易冲动，冲动的表现又有哪些？为了使自己有更多更真实的素材进行思考，你还可以询问他人的反馈，即自己在什么样的情况下情绪反应强烈，他们认为背后的原因是什么。毕竟既做主体又做客体难免会有局限性，他人的反馈会让你看到不一样的自己。

体察当下的情绪

情绪模式的识别为情绪管理做了预测，但在刺激的当下，能体察到自己的情绪仍然是情绪管理的前提。在情绪升起的瞬间，你要快速捕捉此信息，快速识别自己有冲动的倾向，不对其做任何评判，也不要刻意压抑，而只是感知它的到来，感知你身体的内外发生的一些微妙的变化。例如，在愤怒时，你要留意自己的感觉，单纯地去观察和体验这些感觉，同时感知你内心隐约可见的愤怒的声音。这些声音是愤怒的源头，你要与这些声音待在一起，试图将它们听得真切。在倾听内心的独白时，如"我讨厌这个人""这个讨论毫无意义""这次我一定要给他点颜色看看"，你要不带任何掩饰地如实接受这些真实想法，然后理解它们在传递关于自己的什么信息：可能是太自以为是，可能是太主观片面，可能是内心太脆弱……在这个过程中，你既是情绪感受的体验者，也是观察者——体验和观察你的思想念头、情感波动和身体的变化。

人的思维、情绪、行为和身体之间的反应是一套系统做出的，它们之间既彼此独立又相互影响。通过肢体反应和心理的念头，人们完全可以了解情绪波动的原因和趋势。在受到外界刺激的情况下，人的情绪首先会对思维和行为产生影响，同时身体也会有相应的反应；思维和行为反过来又会强化情绪感受，使得身体反应传递的情绪信息更加强烈。所以，人们只要关注思维、行为和身体反应的其中一个，就可以对情绪做出觉察、判断和管理。

深呼吸、停顿10秒

深呼吸、停顿10秒是一种抑制内在冲动、对持续上升的情绪降温降压的一种处理方式。当情绪持续升温时,体内温度和气压会迅速上升(从脸色通红和紧握的拳头就可以得到印证)。在它们升到一定程度超越极限点时,情绪就会爆发。只要人们及时对其做降温降压处理,将其控制在燃爆点以下,冲动行为就可以得到抑制。情绪往往在瞬间急剧攀升,在短时间内就会到达顶点。这时只要深呼吸、停顿10秒,高涨的情绪就会开始回落。

所以,面对冲动的欲望时,你在心里要先对自己说:"先别动,停顿10秒,深呼吸……"在大多数情况下,10秒后你就可以开始进行理性的思考了。深呼吸其实是用拖延时间的方法延迟当下的冲动行为。也许深呼吸后,你仍然表现得很冲动,但这种冲动是在你的意识范围内的。也就是说,你是有意识地在采取冲动的行为,而这种行为并非情绪化的本能使然。当然,这种冲动的行为仍然可能具有破坏性,但这是你在意识到其可能产生的破坏性结果之后仍然选择让其发生的。这种情况属于尽管抑制了冲动,但是没有做到三思而后行,即一时痛快的情绪宣泄仍然是你的首选反应形式。

转移注意力

冲动情绪必须在尚未发酵或爆发之前得到控制或管理。大量事实证明,转移注意力是避免负面情绪继续扩散的一个非常有效的手段,因为人的情绪往往只需要几秒钟就可以平息下来。注意力转移及时制止了为大脑神经回路持续输入同样的主观信息,阻断了其自我强化的循环,避免了情绪的继续升温。转移注意力其实是一种"逃离"的做法，是通过环境的转换以实现注意力和能量的转移，因为总面对那些惹你生气的人或事，你会更加生气。俗话说"眼不见心不烦"，就是指当心情烦躁恼怒的时候，你要让自己远离事发现场，眼前清静了，心情自然也就平静了。

在工作中，人们常常会碰到这种情况：在多人一同开会讨论某项事情时，热情激烈的讨论往往会带来情绪的难以控制，最终引发负面的情绪发酵——互相指责、人身攻击、互不理解……即使是冷静的人，他在这种持续升温的氛围里也很难保持理智。这就是一个导火索所引发的连锁反应，这种局面对解决问题百害而无一利。这种时候，你不妨做一个"逃避者"，离开这样一个情绪的"发酵场"，给自己一个安静的场所，仔细梳理回忆事件的始末，重新明确自己的立场与目标；或者你可以干脆暂停会议，让大家的情绪冷静下来，回归会议的最初中心主旨，复盘总结会议中有益的讨论，摒弃无用的争执，提炼出真正有利于达成决策的内容。

转移注意力的方式取决于你所处的环境，如果条件允许，那么你可以到阳台上透透气，看看自己喜欢的书画，听听自己喜欢的音乐，看一眼新闻或娱乐八卦，出去喝口水，主动与他人搭讪，等等。如果你有更多的时间"逃避"冲突，那么你可以通过运动、听音乐会、写作阅读等方式让自己彻底换个心情，展示厨艺或做家务也是非常好的选择。这些方式会让人处于愉悦、放松、沉静、欣赏和享受等积极情感状态，使得积极和消极的能力状态渐渐趋于平衡，甚至能让积极情感状态占据上风。当积极情感占据主动地位时，你再想一想那些让你生气的事情，似乎它们都不是什么大事了，完全可以用平常心去对待。这些看似"逃避直面冲突"的方法实际上就是让人们在面对各种负面情绪时，能够有足够的时间和空间平复自己的心情，冷静地采取行动或做出决策。

三思而后行

当情绪稳定后，接下来要做什么，你还需要三思。三思就是反复思考不同做法会导致的不同结果与影响，其中最主要的就是，你要明确目标，并将长期和短期目标做综合考虑，思考为了达成目标要专注于解决哪些问题，怎样的做法是最有效的。所以，你要以客观现实为准则，理性辨别事实，有条理有策略地采取行动。有的人尽管情绪稳定，但是没有思考清楚要实现的目标和行动策略，便慌忙地、草率地做出了决定，这就说明他们的思维仍然混乱，他们没有明辨事实，没有意识到自己将要采取的行动中隐藏着错误与危机。所以在情绪平复后，你仍然要避免草率的行为和决策。

你也可以采取与他人沟通的形式，倾听不同的观点，以帮助自己更好地澄清目标，梳理思路，指导自己接下来应该如何行动。在通过沟通对问题有了更全面的认知后，你紧张、迷茫和慌乱等情绪就会进一步得到缓解，你就会感受到自信和充满希望。

管控他人的冲动

如果你的情绪状态稳定，但是周边的人像"炸弹"一样定时或不定时地爆发，那么这一定会影响到你的情绪状态，你的负面情绪很可能会被他们点燃，导致你以怒制怒，结果两败俱伤。如果你只是默默地忍受，那么这只会助长他们的气焰，使他们认为自己强烈的情绪在你身上产生了威慑的效果，后续遇到类似的问题还会采用这样简单粗暴的方式，而你却会越来越压抑，越来越被动。

面对他人的情绪爆发，你无须一味地屈服，一味地满足他们的任何要求，一味地受他人牵制和操纵。但是，情绪状态下的人是不讲道理的，因为他们的理性大脑短路了，此时你所能做的是保持自己状态稳定，无论对方情绪如何激烈。当对方情绪宣泄完之后，他们会回归到理性状态，此时你的机会也就来了。你可以坦诚地表达你的感受，表达你对对方冲动行为的看法，表明你的态度和对对方的期待。你要表现得平静且勇敢，坦诚且坚定，同时要配合你的肢体语言和语音语调，让对方感受到他的行为对你产生的影响是不容忽视的；你有权利维护自己的权益，有权利告知对方你不希望屡次受到伤害，对方类似的行为不应该再发生。

第三节　冲动控制情商能力对工作的影响

情商能力低的影响

与冲动控制情商能力比较低的人互动，会给他人带来一定的心理压力，因为此类人情绪不够稳定且不可预测，而且容易失控，不知道哪句话或哪个行为就会成为他们的爆发点，而且爆发的形式和产生的后果不可预知。在情绪状态下，此类人会将目标完全抛到脑后，从而对目标的达成产生负面影响。因为他们经常表现情绪化，他人可能会避免与此类人接触，以避免产生不必要的冲突，这会大大影响谈话的氛围及人际关系的建立，从而给工作开展带来困扰。

情商能力高的影响

冲动控制情商能力比较高的人，在刺激面前可以控制情绪反应，通常不会随性而为，而且时刻会让自己保持冷静镇定，情绪状态下的行为反应能得到很好的管控；遇事能做到三思而后行，行为或决策通常是理性思考后的决定；时刻保持头脑清醒，慎思慎言，做事能保持专注力，对问题的解决持足够的耐心，对人际关系和工作结果产生积极的影响。人们往往都很欣赏这种比较严谨持重的行事风格，愿意与此类人进行开放坦诚的沟通，共同商讨解决问题的方案。

当然，冲动控制情商能力过高也会有风险——行动和决策过于求稳妥，过于谨慎，在需要当下做出反应的时候会显得犹豫不决，行动力不足。他人会感觉此类人风险意识过强，思考过多而止步不前，从而会影响问题的解决和结果的达成。

第四节　冲动控制情商能力发展策略

除了前文中谈到的识别情绪模式、体察当下的情绪、深呼吸、转移注意力和三思而后行等有助于控制冲动的做法外，以下方式也值得大家参考。

构建心灵空间

构建心灵空间是指，在想象中创建一幅栩栩如生的心像：想象你安静地、沉着地、从容地坐在属于你自己的空间里，这个空间可能是一个小屋，也可能是空旷的原野。无论何时，在你听到让你心惊的、焦躁的、恼怒的声音，且忍不住想做出反应的时候，你就要对自己说："随着这些声音去吧！"这时，坐在属于自己的心灵空间里的你，将看到自己"无动于衷"的淡定和从容，任由他人在你身旁大呼小叫。这种敏捷而稳定、清醒而从容的姿态，可以帮助你有效应对周围环境中的嘈杂与噪声。

引导式的提问

如果谈话氛围比较紧张，谈话者情绪比较激动，那么你可以巧妙地通过引导式的提问来引导其回到理性的状态。引导式的提问不同于讲道理：讲道理是试图将自己的观点强加给他人，引发的自然是对抗和抵触，因为所有人在有情绪的状态下都会极力进行自我保护；而如果采用引导式的提问——"这个问题你怎么看呢？""你建议接下来做什么呢？""你可以把自己的观点再澄清一下吗？"，那么对方的情绪便会慢慢地缓和下来，他的注意力会开始聚焦到理解问题和回答问题上来。引导式的提问有助于对方从情绪化的状态回归到理性思考的状态，对于稳定局面和解决问题都非常有帮助。

培养耐性

如果你冲动的原因是性子比较急，那么平时你可进行一些有针对性的训练。在生活中，你可以结合自己的业余兴趣爱好，选择几项需要静心、耐心做的事情。例如书法、绘画、制作手工艺品、养花、读书、写作等，不仅能培养耐性，还能陶冶性情。在工作中，你可以找出一个必须执行到底的项目，或重拾之前曾经放弃过的任务，为任务的完成制订详细的计划；为了防止因耐性缺失产生放弃的念头，你还可以用对他人做出承诺、请他人定期监督和反馈、在规定的时间内发布成果等方式，给自己适度的压力，确保做到坚持不懈并完成任务。

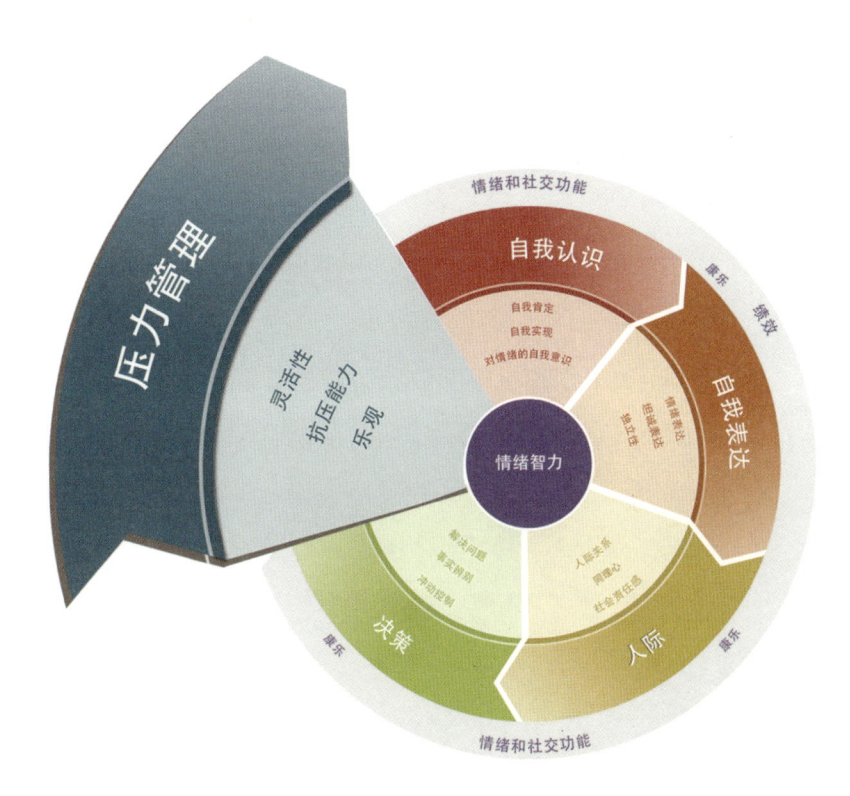

第五部分
压力管理

第十三章
灵活性

案例：林明的压力感为什么越来越强了

林明在某航空集团维修服务部门担任高级机械师15年了。他的岗位职责是根据现场检修工程师们提供的上百个检查点的数据指标，对飞机的动力系统进行全面评估，并做出飞机是否可以正常起飞的最终判断。近几年，林明的压力感越来越大了。第一个方面的原因是，自2013年以来，公司与国内数家航空公司合作，签署了多个全面数字化服务协议。这意味着，在不远的将来，林明的岗位可能会被人工智能取代。林明压力来源的第二个方面是内心的孤独感。看到趋势的变化，与他同时加入公司的多个同事都纷纷离开了，有的选择去了甲方航空公司做运营管理，有的看到了数字化革命的大趋势早早选择了转行。因为林明不喜欢陌生的环境，对于新的领域也很难适应，所以面对环境的变化，他没有做出任何改变，仍然日复一日地做着同样的工作，但内心的恐慌感却越来越强了。

这是一个因时代发展带来的职业危机的案例。大数据分析和决策是在无数次个人经验基础上建立起来的更科学、更可靠的决策，是社会发展的大势所趋，像林明这样经验丰富的工程师将遭遇前所未有的职业危机，他们所能做的就是，清醒地意识到自己必须接受的现实是什么，在现实面前他们可以做什么。尽管林明意识到了人工智能趋势会给自己的职业发展带来冲击，但是他并没有积极应对，而是以逃避的方式来面对内心的恐慌，一如既往地做着自己熟悉的工作。林明的心里很清楚，总有一天自己要面对非常残酷的现实，但在那天来临之前，他不希望自己稳定的生活被打破，而是希望这种可控的、规律性的生活能多延迟一点。

林明要能够和变化带来的恐慌感一起成长，如果他对未来的职业发展规划与人工智能相关，他就要敞开胸怀探索人工智能潜藏的奥妙，在新的形势下重新评估自己的优势和不足。一旦明确了发展目标，他就要制订规划并采取行动。当进入行动阶段，他的精力和能量将会聚焦在如何通过行动达成目标上，届时他将不再把变化看作威胁，而是机遇，也会努力适应变化，融入变化；他的内心尽管会充满担心和焦虑，但同时也会怀有新的希望和期待。

第一节　变化是一种挑战

"灵活性"是指在不断变化的压力情况下保持冷静和专注，能根据事情进展及时调整情绪、想法和行为，以适应陌生、无法预测和动态的情况。人生充满变化，变化即人生，工作和生活就是一条不断流淌的溪流，例如换了新老板，到了新的岗位，更换了新的生产线，调整了组织架构，等等。这时，人们的心情总是复杂的：这件事是好还是坏？这样做行还是不行？为什么会这样？为什么是现在？现实中的有些变化是刻意选择的，甚至是为形势所迫的。

变化难以预测

现实的力量势不可当，以至在现实面前，每个人都会感到自身的微弱无力，感到对周遭环境的无法控制。深深的恐惧和无助让人们不敢面对变化，很多人因此进入了温水煮青蛙的状态。久而久之，当遇到大的变化甚至是变故的时候，人们就会失去敏锐度和敏捷性，就会变得慌乱，束手无策，不堪一击。不管怎样，变化何时发生通常都是难以预测的，而灵活应变无非是改变过去一贯的做法并能够进行随机应变的能力。

正如达尔文所言："能够生存下来的，既不是最强壮的物种，也不是最聪明的物种，而是最能适应变化的物种。"随着信息时代的快速发展，人们对达尔文的生物进化论"适者生存"的"适者"有了新的定义：适者不再仅仅依靠体质方面的适应，而要重新建构有意识的生存方式或灵活的生存方式。灵活性包括思想上、情感上、精神上以及行为上的适应变化的能力，涉及思想、情感、精神上的自我超越和外在的努力等行为。环境不会因为某些人难以适应而停止变化的脚步，因此，如果人们思想和情感上一味地患得患失，注意力就不能着力于采取必要的应对策略。不采取策略所带来的压力反过来会让人们的思想和情感更加退缩，会对行动力产生更大的制约。

变化会引发心理恐慌

从脑科学的角度来看，人在变化面前产生抵触情绪是有原因的。人作为情感动物，在刺激面前首先会产生情感反应。不同的人由于认知和性格的不同，在变化面前的情感反应的激烈程度不同，从而会在不同程度上偏离理性的轨道。每当出现新情况时，人脑就会通过海马体的记忆来搜寻相关场景,并以在该场景中对应的情绪感受对即将发生的事情做出认知判断。海马体的记忆往往是主观的、片面的,而且是容易出错的,通常会让人们做出错误的判断。这种选择性的记忆首先与人的性格特点息息相关。性格会影响人们的思想认知,有些人性格比较保守,做事喜欢按部就班,追求稳妥。利用马斯洛需求层次理论来分析,此类人对安全感的需求更强,一旦他们的安全感和控制力受到威胁,他们就会因恐惧产生自我保护意识。当人们的情感记忆更多的是负面的、不愉悦的时候,变化便会使他们产生心理恐慌。

心理恐慌是这样一种状态:不敢面对危机,沉默寡言,对未来失去信心,而且这种对未来状态的判断和担心不是基于现实的。这种灰色的心理状态加强了这样一种信念,即世界是危险的,是几乎无法控制的。在动物本能的支配下,恐慌的本能反应要么使人启动"战斗"模式进行抗拒,要么启动"逃跑"模式逃避现实。他们恐惧的是"失去"——失去工作,失去尊严,失去地位,失去安全感,失去自尊,失去完美形象,等等。另外,他们感到恐惧可能还有更深层次的原因,例如害怕自己成为一个没用的人,过没有意义的人生,等等。所以,他们倾向于维持现状,抵制未知的事情,留守鲜有的安逸。美国积极心理学之父马丁·塞利格曼提出的"习得性无助感"这一概念与人们感到恐惧如出一辙。"习得性无助感"是祖祖辈辈流传下来的生存之道,是有机体接连不断地受到挫折后会产生的一种无能为力、听天由命的心态。[①]

畏惧新鲜事物,只想逃避变化,让某些人为自己的止步不前找到了借口,他们天真地希望生命会因此获得安全和满足。可惜生命却并非如此,它充满了喜悦和悲伤、满足和失望、快乐和艰辛。如果仅专注于事

---

① 克里斯托弗·彼得森,史蒂文·迈尔,马丁·塞利格曼.习得性无助[M].戴俊毅,屠筱青,译.北京:机械工业出版社,2011.

物安逸的一面，那么人们将无法获得完整的人生体验，也无法掌握与危机相关的知识和技能。下意识地躲开棘手问题，拒绝任何风险，回避艰难的对话或冲突，厌恶新的工作流程……趋利避害的本性使得人们总是试图避免伤害、悲伤和艰辛，畏惧生活中的磨难和打击。

第二节　融入现实，适应变化

变化是永恒的，是创造力和破坏力的相互作用。每时每刻，人们自身的生理结构、思维、情绪、人际关系和市场环境等都在无休止地变化着。除了让自己学会适应并不断从中学习之外，人们别无选择。变化挑战着人们的天性，抗拒变化是没有用的，因为变化是一个强大、无敌且无情的对手。当人们拒绝改变的时候，潜力就会被抹杀殆尽。变化常常也是人们的老师，能够指明新的方向，给予新的引领，挖掘新的潜能。变化通过挑战现状而让人们不得不面对新的现实。如果人们勇敢地接纳它，人生就会充满新的可能性。

培养"既是/也是"型开放心态

在一个充满变化的世界上，生活和事业都变得相当复杂，情况随时变化，人们的态度和行为必须反映多样化甚至对立的观点。人们要抱有"既是/也是"型互惠互利、合作共赢的态度，而不要参与"不是/就是"型非此即彼的零和游戏。任何一个人都必须依据已经存在的事实果断行动，同时保持开放的心态，不断学习和随时调整方向。然而，生活在悖论中并非易事，它始终会让人们处于压力和焦虑中。这就要求人们能够坦然面对真实的自己，既要关注感受，又要基于感受所传递的信息，理性地、平衡地处理问题；既要关注自己的需求，又要关注他人的期待。因此，你要学会从容地应对这样的紧张和矛盾，让自己在这样的压力下扩充选择性。

要想生活得更加充实，人们必须步入未知的领域，必须挑战自己，迫使自己不断地成长、进步和改变。当然，改变总是会令人感觉不适，恐惧、焦虑等都是人类应对挑战最自然不过的反应，因为人们更容易做出有利于自己的、舒适的选择，但从长期来看，这些未必是最好的选择。要想做出有利于自己长期发展的选择，你必须承受巨大的压力和不便去做种种让自己很不舒适却可以让梦想成真的事情。你要明白某种程度的不舒适、不适应恰恰是学习和变革的关键所在。

生活是以动态的、非线性的形式存在的，人总是在过度焦虑和焦虑不足间来回摇摆，在平衡与不平衡间不断跳跃。有时，某种程度的压力会推动我们前进，有时它们会成为我们的牵绊。就像吉他上的琴弦，需要松紧适度才能弹奏出美妙的声音——绷得太紧会断裂，绷得太松无法发声，人生也需要适度的压力才能不断向前。现实会带给你很多失望，但现实也会带给你惊喜。有时，你认为付出足够多了，渴望得到一点回报，但生活仍在残酷地考验着你的耐心和信心；有时，你不得不在短期目标上退回一步，以便在更长期的目标上收获更多；有时，你明明知道自己应该偏右一点，但是权衡利弊后，你必须先到左边，走迂回路线。一段时间后，当回顾走过的轨迹时，你会发现，有时紧急的事情比重要的事情更加重要，有时你明明知道什么是完美的答案，但是退而求其次的选择会是更明智的。

每个人都要立意长远，立足当下，审视自己的现状，并判断该现状是否可以接受，再决定是维持现状还是做出改变；人们还要展望未来并评估所展望的画面，判断未来是值得期待的还是令人生畏的，是可以预期的还是不可预期的。这些判断和评估影响着人们的感受，也同时影响着人们的选择。

克服恐惧，展现勇气

不论受到怎样的激励去取得成就或者做出改变，拓展自己都需要勇气。它要求人们具备成熟的思想，以及对自己理想的清晰构建。其实，每个人内心都有渴望成功的欲望，但是现实与欲望之间都存在一道鸿沟。现实中的很多人听不到自己的心声，忽略甚至否定鸿沟的存在。对于这些人来说，现实中的变化和压力（如新的任务、新的项目、客户越来越高的要求、计划完全被打乱、公司裁员、岗位调动、上司对你的不认可等等）会将鸿沟真真切切地呈现在他们的眼前。当不得不被动地陷入这些鸿沟时，他们会感觉非常沮丧恼怒，感觉不知所措。他们心里会想："为什么要做出改变？为什么有这样苛刻的要求？为什么是我？……"他们坐在原地怨天尤人、唉声叹气，能量就在他们的负面情感中消耗殆尽，最终他们会感到身心疲惫、心力交瘁。

在这些人的心目中，恐惧的声音通常是心中最响亮的。恐惧会在他们鼓足勇气采取行动的最后一刹那让他们驻足，或在最微小的危险前让他们快速逃跑。此外，恐惧会阻碍人们冒险，阻碍人们学习新技能，阻碍人们实现愿望，让人们无法自拔，因为它把人们的注意力引向外部，让人们为自己的停滞不前或放弃梦想找到开脱的借口。恐惧提醒人们以往的失败，让人们回顾过去的情感创伤，一遍又一遍地演绎"万一……你就会……"的场景。恐惧为了将人们牢牢捆住，无所不用其极。

更多的人在鸿沟面前能将内心的压力转换成"弥合"差距的有效能

量，他们不允许自己沉浸于内心的哀叹和抑郁中，而会积极采取行动应对压力，他们坚信只要行动起来，办法总比问题多。变化能够产生行动的紧迫感，就如同打开了渴望的龙头，能够释放出强大的生产力。他们知道自己的能量所在，也清楚地知道跨越鸿沟的过程会让自己不舒服，甚至令人畏惧，但是恰恰是人们在憧憬超越现有水平时所感到的焦虑，让人们拓展自己的能力成为可能。他们渴望在跨越鸿沟的过程中做得更好，在应对变化和压力时茁壮成长。他们勇于行动，全身心投入，一心一意地追求成功。他们坚信成功就在自己身边，成功就在他们内心的"显示屏"上，可以看到、触摸到、品尝到和感觉到。为了把这些美好的画面变成现实，他们会全力以赴。

遵循目标和核心价值观的指引

以积极态度面对变化、采取行动跨越鸿沟的人，都与正常人无异，也会有抗拒心理，也渴望不用变化就能很好地应对一切，他们的内心也会有自相矛盾的信念、期望、情感。但与其他人不同的是，他们不仅是感性的，更是理性的；他们允许情感发挥本能作用，更知道如何让情感发挥智能化的作用，如何让情感更好地服务于想要实现的目标。当听到内心消极声音的时候，他们会及时排解和疏导这些负面情绪，不会让这些情绪成为阻碍跨越鸿沟的力量。冷静下来后，他们会再次思考目标和核心价值观，会在目标和核心价值观的指引下进一步集中力量，坦然面对各种意想不到的挑战和困难，奋力开辟通往彼岸的阳光之路。

如果现实和理想之间的距离过大，那么你便会感受到过度的焦虑，并害怕付出行动；如果距离过小，则张力不够，可能无法激起你行动的愿望。这两种情况都会阻碍你的学习、成长和表现。如果差距正好大到足以拓展自己，小到足以攻克，那么你将体验到生活和繁荣在鸿沟里的适度焦虑。有些人在目标和核心价值观的驱使下，会主动寻求挑战和变化，会自行设计心中的鸿沟，甚至会让自己同时身处多个鸿沟之中，以充分地自我拓展——学习新的技能，承接新的任务，做出新的职业选择，创造新的产品，引领新的需求，等等。他们会充分发挥变化和挑战所带来的焦虑的力量，把它们作为驱动自己不断向前、向好、向上的动力。因为一旦处于鸿沟状态，人就会思考如何走出去，尽管此时存在着各种压力，但心中更充满了"弥合"差距的渴望。渴望是积极的充满力量的情感，当渴望成为改变的动力时，实现各种目标都会成为可能。

第三节　灵活性差异形成的主要原因

人的性格特点会影响面对变化时的情感反应，人的思维模式对人在变化面前的反应影响更大。思维模式体现的是人因内心诉求而产生的认知模式，主要包括"固定型思维模式"和"成长型思维模式"。

固定型思维模式

职场中的很多人持有的是固定型思维模式。具有这种思维模式的人的特点是，在工作和生活中，他们的目标是时刻"证明自己是对的"，以此来证明自己的能力。《终身成长》（*The New Psychology of Success*）的作者卡罗尔·德韦克（Carol Dweck）在书中用了一个简单的例子形象地说明了这种思维模式的特点。心理学家们给一群四岁的孩子一个选择：他们可以再拼一次同样的简单拼图，也可以尝试拼一块更难的拼图。具有固定型思维模式的孩子们，即那些相信个人的能力是固定不变的孩子们，都做出了再拼一次简单拼图的选择，这个选择最安全。他们要用正确的答案来证明自己是对的，认为只有对的答案才能说明自己是聪明的、是有能力的。如果拼一块更难的拼图，他们有可能会拼错，那么这会暴露他们的不足，会遭到他人的否定，这是他们要努力回避的。[①]固定型思维模式的人会在自己内心创建一个小小的世界，努力让自己在其中完美无缺。很显然，固定型思维模式者选择的是当下的成功，而不是未来的成长！

固定型思维模式的人在面对变化时，首先思考的是："我的做法是对还是错？我会成功还是失败？我看上去是聪明还是愚蠢？我会被接受还是会被拒绝？我看上去像个成功者还是失败者？"中国有句古话："不入虎穴，焉得虎子。"对于固定型思维模式的人来说，他首先思考的是为什么要入虎穴，不入虎穴也失去不了什么，为什么要冒这样的风险？可见他们评判是否采取行动的标准是"我会失去什么？"而不是"我会收获什么？"。如果可能会失去面子，失去他人的认可，失去身份的象征，他们就会想"为什么要入虎穴呢？"。

如果说人类的行为具有"趋利避害"的特点，那么固定型思维模式的人的行为逻辑是"避害趋利"——对于他们来说，"避害"比"趋利"更为重要。他们担心的是失去所拥有的，而不是错过机会，他们所有的努力都是为了证明自己已经具备了什么，而不是还可以在哪些方面做得更好。选择避害而非趋利，就是选择当下的成功而非未来的成长，所以固定型思维模式的人在面对挑战和变化时，会视其为一个巨大的威胁——他们可能会因暴露自己的不足而成为一名失败者。这就很好地解

---

① 卡罗尔·德韦克.终身成长[M].楚祎楠，译.南昌：江西人民出版社，2017.

释了为什么很多职场人士绞尽脑汁思考的不是如何更好地应对挑战和变化，而是努力保护他们的"自我意识"。他们会放弃改变现状的努力，并会"不太努力"地维持着现状，他们担心做得越多，弱点暴露得越多，错得越多，否定的评价就越多（这些都是导致未来可能会失控的因子）。与此同时，他们会旁观那些努力应对变化甚至引领变化的人。当积极应对变化的人确实犯了错误时，袖手旁观的他们会毫不掩饰自己的幸灾乐祸，会视那些人为失败者，对他们进行指责、嘲笑甚至打击。他们的这种心态和做法反过来又阻碍了自己主动地去尝试改变，因为他们不想成为他人嘲讽、指责的对象，"不做""不变"对他们来说是最安全的行为。

固定型思维模式的人会在什么时候感到兴奋呢？就是在事情尽在他们掌控的时候。如果事情变得模糊不确定，即当他们感觉做起事来不是很有把握且有可能犯错的时候，他们就会丧失做事的兴趣。固定型思维模式的人失败后会有什么反应呢？失败后，他们尝试修复自尊的方法只有一个，就是去责备他人或者寻找借口，因为他们认为失败从来都不是他们的错。

成长型思维模式

与固定型思维模式相反，对于成长型思维模式的人来说，成功不是固守现状，而是意味着拓展自己的能力边界，意味着不断地学习和成长。他们拥有开放的心态，相信自己还有很大的提升潜力和空间，他们还可以做出更大成就。他们遵从的是"趋利避害"的原则，"趋利"的意义要远远大于"避害"。如果能得到虎子，那么他们一定会想办法深入虎穴。他们热爱挑战，因为挑战会激发他们的创造力和热情。他们相信，即使人们先天的才能、资质、兴趣和性情方面有着各种各样的不同，每个人都可以通过努力来取得收获和不断成长；他们相信，人们在经过多年的辛苦奋斗以及训练后，能够取得的成就是无法预知的，而正是这种无法预知的可能性激励着他们不断地开发和探索。他们会想：为什么只与那些保护你自尊心的人为伍，而不与那些可以促进你成长的人成为搭档呢？为什么要去做那些屡试不爽的事，而不去选择一些可以提高自己本领的事来做呢？这种思维模式让他们在人生遭遇重大挑战的时刻，依然能够积极地面对，主动地应对，并在应对的过程中茁壮成长。

　　成长型思维模式的人认为，成功来源于尽自己最大努力做事，来源于学习和自我提高，他们的目的是要做更好的自己。为了促进自己不断提升，他们会团结聚合精明强干的人才。即使面对失败，他们依然保持信念，相信自己最终可以成功。其实，对于成长型思维模式的人来说，失败也是一种痛苦的经历，尤其是当受到他人的嘲讽批评的时候。但他们不会给自己贴一个"失败者"的标签，也不会为他人的各种负面评价所禁锢，他们相信失败是成功之母，挫折可以给人以动力。他们并不想每时每刻都证明自己，只想不断地超越自己。在失败面前，成长型思维模式的人会仔细审视自己的错误和不足，不仅会表现得谦虚，而且展现了直面残忍现实的勇气。他们会坦诚地问自己：到底问题出在哪里？自己还缺失哪些知识和技能？自己还需要在哪些方面付出努力？自己还需要采取哪些行动？

第四节　抵制组织变革的情感因素

　　变化既包含了创造性又包含了毁灭性。当一些新的东西被创造出来的时候，必定会有一些东西被破坏掉。正如中国道家所言，万事万物的变化都包含阴阳两个方面，二者此消彼长，不断演化。例如，在市场环境中，每个产品都有其生命周期，所以推陈出新必然是每个企业要遵从的生存法则；当现有组织模式增加了企业运营负担时，组织必定会制定新的激励和考核机制来激发组织活力；当企业战略目标发生了调整时，组织就会在人员、架构、制度、流程等方面进行变革。

有些组织变革是"为变而变"的，它们围绕单一的标准（如职能、产品、地理区域或市场）来进行组织架构。它们这样做会产生一个问题：人员之间的沟通与合作往往只局限于单个职能、产品、地理区域或其他组织"孤岛"内部。解决办法之一就是，定期用不同的标准对公司进行结构重组，以打破惯例的束缚。因为组织越稳定，组织内的工作方式越持久，面对市场变化时就越难做出调整，组织成员对新机会的探求就会越来越少。总之，环境变化速度的加快将导致组织变革的需求日益增加。然而，人们对组织变革常常心怀恐惧，因为它意味着打破现状，使人们在工作中的既得利益受到威胁，同时也会颠覆常规的行事方法。组织变革的努力常常会遭遇各种形式的人为抵制，其中有四种最常见的原因。

不愿失去个人利益

由于人们大多关注的是个人利益最大化，而不是组织利益最大化，当组织变革会对个人利益产生影响时，人们自然会产生自我保护意识，对潜在的威胁产生抵抗情绪。

对变革及其含义存在误解

有时，员工对变革的目标和信息不明确，不知道组织进行变革的原因，更不知道这样的变革到底有什么好处。当对变革有误解的时候，人们可能会认为变革会让他们付出更多而收获更少。这时，除非组织能坦然公开地面对这些误解，并迅速澄清，否则就会给变革带来阻力。

信息不完整

信息不完整的主要原因是，员工对于如何变革不完全了解，变革措施不够具体。发起变革的管理者经常假设所有人已经完全掌握了关于变革的所有信息，同时也假设那些会受到变革影响的人接受了组织变革可能带来的后果，而这种假设是不正确的。由于掌握的信息不同，对事件分析的结果不同，人们对变革所持有的态度就会不同。

对辞旧迎新的恐惧

简单地说，变革就是"辞旧迎新"。"辞旧"就是自我否定，意味着必须放弃已经熟悉的一切而去接受不熟悉的新领域，甚至要承认从前的一些决策或信念都是错误的。辞旧迎新是非常不容易的，它要求人们必须花时间改掉过去的习惯，努力适应新的方式。

管理学大师彼得·德鲁克认为，组织发展的主要障碍在于，由于情感上的阻碍没有得到疏通和管理，组织成员没有能力按照组织的需要快速地改变自己的态度和行为。情感引导行为，如果情感是抗拒的，目标是不一致的，那么行为上自然不会有所改变。

第五节　灵活性情商能力对工作的影响

情商能力低的影响

灵活性情商能力较低的人在变化面前通常会让抗拒、厌恶、不安等情绪感受占上风，这些情绪感受会让这些人不经过理性思考，自动地选择停留在舒适区。也就是说，与做出改变相比，他们更容易选择继续沿袭过去的做法，因为安全感对此类人而言非常重要。他们喜欢清晰稳定的工作内容及方式，对动态、模糊、不确定性因素有抵触情绪，尤其是意料之外的变化，因为变化会令他们感到不安。他们对"自我意识""自身方式"具有较深的情结，这种情感依附会妨碍他们更好地适应工作中的各种变化。

对变化的抗拒会让他人认为此类人比较保守，循规蹈矩，对环境变化不够敏感，缺乏创新力，不是团队和组织发展进步的推动力量，甚至会成为阻碍力量。此类人要尽快让自己的工作与组织发展保持同步，与他人形成坚实的伙伴关系，在组织的发展过程中积极拥抱变化，推动变化。

情商能力高的影响

灵活性情商能力较高的人乐意接受变化，欢迎新的构想，视变化为取得进步的积极因素，工作中愿意接受新的方法和新的程序，在与他人合作时保持兼容的态度。"计划不如变化快"对于此类人来说不是什么挑战。例如，面对客户需求、市场竞争、新技术、组织变革等多变性，尽管此类人也会有迷茫、困惑、不确定、担心、疑虑等情绪，但他们能很快冷静下来，思考如何面对客观现实，有效应对。此类人通常持有开放的心态，当意识到自己错了的时候，他们能够主动改变想法，或接纳不同的想法、意向、方式和做法。他们倾向于接受更多的挑战，会不时寻找"延伸性"的工作，尽管存在失败的风险；他们有能力同时处理多个要求，快速调整事情的优先级；他们更善于运用跳跃式思维进行创新性思考，会被视为团队中的开创者和革新者，对推动组织变革具有积极意义。

当然，灵活性情商能力过高也存在风险。如果一味地寻求新的刺激，为了变化而变化，你就会忽略要实现的目标，不能坚持或秉承既定的方向和方式，造成对目标缺乏信念或精力过度分散，抑或你会采取一些不具有实际意义的新的尝试，使其他人感觉难以适应。如果缺乏充足思考和有效证据，变化就具有一定的冲动性，这是不理智的表现。因此，你要确保变化具有合理的原因，而并非出于对现状的厌倦，避免因一时兴起就有了变化的冲动。

第六节　灵活性情商能力发展策略

跳出局部看全局

现代组织分工越来越细，岗位越来越讲求专业化，然而专业化也会带来弊端——过度地站在自己单维的、局部的、静态的角度思考问题，就如同通过显微镜某一固定的镜片来观察细胞，放大了某一片段或组织，所看到的太有局限性了。这种局限性的视野阻碍了人们看到变化的趋势和必然性。人们之所以在变化面前感到恐惧，是因为没有用全局的、动态的视角来看待自己、看待工作、看待所在的组织以及看待所处的环境。当意识到自己因处于单维的、局部的视角而产生负面情绪时，你就要及时踩刹车，并要站到全局的高度去真正了解事情真相，并了解事情的发展方向或趋势，以及事情的发生对你产生了什么样的影响，等等。当从多维的、全局的、理性的高度来看待变化，看到变化的紧迫性和必然性时，你就有可能主动做出改变。

依靠他人的力量

负面情绪如果得不到及时疏导，就会蔓延和生根，拥有负面情绪的人就会在其中越陷越深。当发现自己对变化充满抗拒、烦躁不安或极度失望时，你就要有意识地寻求外力，例如，与信任的同事沟通，说出内心的真实感受。你要在具体问题和处理方式上寻求他们的建议，以此得到情感上的支持，让自己尽快从封闭的消极状态中走出来。你不要独自面对变化带来的压力，而要多与人交流，多倾听他人的意见，从而开阔自己的思维和视野，从多维和全局的视角去了解客观现实和他人的看法，理性分析变化会有哪些积极的意义，会给自己带来哪些机会，所产生的消极影响是不是自己想象中的那么糟糕。当通过沟通交流了解了变化的趋势和意义时，你就会大大提升自己把握现实的信心和走出现状的勇气。所以说，信息是力量的源泉，而人际互动会让你了解更多真实的信息，会提升你对现实和未来的把握能力。

澄清愿景目标

如果没有目标的驱动力，人就容易停留在舒适区。所有的改变都是为了更好地实现目标，如果你能意识到变化对于更好地实现目标所具有的意义，你就拥有了应对变化的内驱力，这种内驱力会驱动你走出各种负面情感。中国有句古话："不识庐山真面目，只缘身在此山中。"虽然新任务、新程序、新角色等会让你在短期内感受到极大的压力，但是你切勿将精力太集中于变化所带来的不适，而要从当下的点性思维抽离出来，努力看清大局，澄清自己的使命和愿景目标，看到变化对个人成长以及达成目标的积极意义。

关注影响圈，而非担忧圈

尽管世界上有很多事情是人们没有办法控制的，但仍然还有很多事是可以得到控制的。如果一个人的注意力始终聚焦在"担忧圈"（那些无法掌控的事情）里，心理能量就会被大量消耗，他就会变得被动、消极、感觉无能为力。这种人具有典型的问题导向思维模式。你要尝试将注意力从"担忧圈"转移到"影响圈"（自己可以掌控的事情），不断提醒自己：想要达到的目标是什么？为了达成目标可以做些什么？经过认真思考，你会相信自己可以获得更多的资源，可以更勤奋，可以更有创造性，可以更好地合作，等等。也就是说，拥有成果导向思维模式，会大大提升你掌控未来的信心和决心。

关注当下，采取行动

从神经科学的研究分析结果来看，人们越把注意力集中在某件事上，改变大脑回路的可能性就越大。无论面对怎样的变化，最有效的方式之一是，首先制定一个应对策略，然后规划接下来可以采取哪些具体行动。一旦进入了行动阶段，你的理性大脑将掌控你的思想，你的精力和能量将被引导到如何通过行动达成目标上。

在制订规划采取行动的阶段，你要尽量避免追求完美的心态，不要试图将凡事做到尽善尽美，因为追求完美可能会成为灵活应变的障碍。变化意味着不确定，在不确定中寻找正确的方式和路径需要一些尝试和探索；追求完美会让你畏首畏尾，会让你因担心犯错误而止步不前。万事开头难，因此你的行动方案要从小处着手，从容易做的任务事项开始。较成功的开始会让你走出负面情感，会让你的心态得到调整，并会将你的个人正能量充分调动起来。此时，你不再与变化进行斗争，而会与它密切协作，共同进步。久而久之，你不仅可以培养应对一般变化的能力，而且可以培养适应动态变化的、更频繁的、更高层次的变通能力。

乐于学习

人的大脑始终具有很强的学习能力和可塑性，无论在所熟知的领域不断提升专精度，还是尝试跳出熟悉的领域开始学习新的知识，任何时候都为时不晚。学习需要持续的时间和精力的投入。一旦经历了艰辛的练习和大量的试错，你就会体验到成功的喜悦，就会发现自己可以接受生活中更大的变化。学习包括从过去的经验中学习，从他人的经历中学习，从实践和思考中不断提取生命的智慧。而乐于学习能够让你从之前面对变化时的"大呼小叫",将大部分精力关注于压力而不是希望上,转变为在遇到出乎意料的事情时,以一种平稳的、淡定的、游刃有余的姿态来应对。当人们应对变化的能力和敏捷度得到提升时,掌控自己生活的自信心也会随之提升。

第十四章
抗压能力

案例：吴同如何有效应对压力

吴同是一家知名跨国公司质检部门负责人，正忙于一批重要订单的出货事宜。按照合同日期，这批订单将于下周一装船出口，本周是非常关键的质量测试阶段。作为质检负责人，两个月来，吴同一直吃住在外地的加工厂商那里，以保证产品质量。周五当天，订单还有大量功能测试尚未完成，吴同通知所有相关人员周末继续加班。然而，一大早吴同就接到厂商通知，要求所有支持测试的人员今天必须参加公司的一个重要会议。这意味着很多工作当天做不了，周末的工作压力将会更大。刚要对计划做重新安排，吴同的爱人打来电话，告知他父亲突然生病住院了，希望他当天就能坐最早航班回家。爱人带着两个孩子（小儿子只有几个月大）在家忙里忙外，现在又要照顾生病的父亲，吴同感觉心急如焚。一方面质检现场离不开他，另一方面家里又急需要他，两方面都不可偏废。面对着巨大的压力，吴同有些惊慌失措。

吴同意识到此时最考验他的是，他能否保持冷静。他找到了一个安静的地方，捋了捋自己的思路：工作到了最关键时期，万一出现纰漏将有可能前功尽弃,现在放下一切坐最早航班回家显然不合适。他认为自己可以做的是,把实际情况告知加工厂商负责人,争取让所有支持测试的人员当天不参加内部会议,而是按计划开展测试工作;他还需要调整测试方案,争取在当天把最关键的、最有可能出现问题的环节完成测试,剩余的工作交由其他人在周末完成,这样他可以坐当天的晚班航班回家。想到这里,吴同一直悬在嗓子眼的心慢慢落了地。他又让自己冷静了两分钟,认为没有其他更有效的解决方案了,起身直接去了加工厂商负责人的办公室,告知了实际情况和自己的想法。对方认为这个方案非常可行,立刻就答应了。然后,吴同召集了测试团队,也将实际情况和自己的想法告知了大家,大家都表示非常理解。最后,他给爱人打了电话,爱人虽然有些不悦,但也能理解他的压力。吴同的解决方案对于任何一方似乎都不完美,但各方都能接受,吴同个人的压力也得到了释放。

第一节　积极主动应对压力

抗压能力是积极主动应对压力,有效面对不利事件与紧张局势的能力。案例中的吴同面对巨大压力尽管一开始有些惊慌失措,但是很快他让自己冷静下来理智思考应对策略,而且他的应对策略顾及了多方的需求,体现了他对紧张局势的掌控力。

今天的职场人士都面临着巨大的压力:企业变得越来越扁平化,升迁的机会越来越少,竞争越来越激烈,业余时间越来越少,有限的时间还要用来投入学习以提升个人竞争力。人们的生活和事业中充斥着矛盾、失调和混乱。戏剧性的起起落落,出人意料的曲折回旋,让任何人都会感觉难以适应。工作中的每个人都在拼命努力地达成个人愿望,一个个有强烈自我意识和个性的个体相互冲撞，使得冲突、压力、挑战等在所难免。但是，在同样的环境下，仍然有很多人能够坦然处之，游刃有余地应对来自各个方面的压力和紧张局势，他们表现出更多的是平静、耐心、稳定和理性的状态。

对待压力的不同态度

那么，为什么面对同样的压力，不同的人会有不同的反应呢？其实，关键原因在于面对压力的态度：有的人认为压力是外在的，把压力的产生归因于外部事件；有的人认为压力是内在的，把压力的产生归因于内在的认知。当态度不同时，人们所产生的情绪反应自然就会不同，应对的模式及产生的结果也会不同。

把压力的产生归因于外部的人在压力面前会产生较强烈的情绪反应，他们厌弃、抵触、对抗压力，表现出来的态度是冷漠、愤怒、不屑、抱怨和指责等。他们认为，自己是被迫接受压力的，他们是外部事件的受害者。他们无法处理内心的焦躁和不满，因为他们会为这些焦躁和不满找到充足的理由。在他们眼里，这些压力是恶性的，是破坏性的。当一个人被内心慌乱嘈杂的世界掌控时，他一定没有能力应对外界不安的和混乱的环境。所以，这类人对待压力的态度极大地限制了他们处理问题的能力，而且当他们的努力没有得到结果时，他们会进一步对外部环境进行指责，怨气和不满也会进一步加重。

把压力的产生归因于内在的人经常在内心自主构建压力，这种压力并非源于外部世界。这样的人在压力面前会主动面对，积极承担，掌控局面，持续努力，最终产生影响。管理学上的调查研究发现，能很好应对压力和不利事件的人具有三个方面的特点：他们在遇到挫折时不将责任归咎于他人；如果问题处理不好，那么他们不自责，不会将挫折看成是自身无能的表现；他们相信问题在严重程度和持续时间上都是有限的，是可以应对和掌控的。对这类人而言，压力只是一个概念，就像"快乐""恐惧"等情绪概念一样，其体验取决于个人内在的认知。

当你同时兼顾多个任务时，当你的上司告诉你明天之前必须完成某些事项时，当产品开发进行到一半被突然告知必须终止时，这类人也会感受到与其他人一样的情感——愤怒、犹豫、怀疑、羞涩、难堪、悲伤和恐惧，但他们能以健康的心态对待不适和冲突，允许自己接受攻击、承受痛苦，甚至容忍自己暂时的迷茫慌乱或不知所措。之后，他们会快速调整心态——他们明白坦然面对冲突对于达成目标结果、建立关系以及开发自我的积极意义，开始视这些压力和冲突为良性的、建设性的，并以积极的态度思考应对压力的措施和手段，会反思自己之前的想法和做法，能以开放的态度对待他人的质疑和意见，能接受他人的负面反馈并对自己的做法进行及时修正。只要一个人能够处理好自己内心的不安，心无旁骛地专注于行动，那么他就是高效的、康乐的。

情感是能量，积极的情感是正能量，消极的情感是负能量。每个人都是一个能量系统。压力本质上是由于现实与理想之间出现的鸿沟而产生的，对于有理想有目标的人而言，这个鸿沟的存在就是正能量的源泉，他们承受压力、疼痛、不舒适以及不平衡的能力尤为突出，能够积极看待这些情感，并适时进行情感能量转换，把压力转化为动力。正如《第五项修炼》(*The Fifth Discipline*)的作者彼得·圣吉（Peter M.Senge）所言，如果没有鸿沟，那么人们将找不到采取行动、勇往直前的必要。[1]

---

[1] 彼得·圣吉.第五项修炼[M].张成林，译.北京：中信出版社，2018.

压力管理需要开放的头脑和心灵

人类可以控制自己的思想和行为，这种能力体现在学习、适应和自我完善方面。不论你迄今为止做过些什么，你都可以学会管理压力、冲突和不确定性，让你在生活的风浪中表现得波澜不惊。一个人要想持续进步，必须保持一定水平的张力和紧张度，当然持续进步的过程中会充满焦虑、疑惑、不确定性和沉寂的痛苦。面对压力时，成功实现能量的转化，需要两种重要因素的加持：开放的头脑和开放的心灵。

1. 开放的头脑

开放的头脑点亮智慧的神灯，能够让人们看到各种可能性的存在，并积极探索各种可能性。这就要求人们放弃既定的自我认知，避免陷入消极的习惯和固化的行为模式之中，无须对人或对事进行评判，而要对未知持有开放性。在感受到自己的情绪后，你就要有能力对情绪进行调节。情绪调节能力涉及认知、感受和行动。在认知方面，你首先要勇于接受客观现实。在事实面前，抱怨指责都无济于事，你所能做的就是冷静下来，认清客观现实，然后以解决问题的态度思考以下问题：你能做什么？最理想的结果是什么？你需要什么资源？接下来要做什么？当你从情绪化的本能状态进入智能化的理性思考状态时，你的情绪就会稳定下来，你就会进入思考阶段。

一旦情绪平静下来进入冷静思考阶段，你会发现可能的选择将逐一展现，你还会发现你其实有资源、有能力去应对压力。此时，你会感觉到对结果的掌控力大大提升，因此你可以尝试进入行动阶段。但也有时，你会感觉到相当不适，或仍然感觉难以掌控局面，对自己的做法不肯定，感觉很迷茫，不知该何去何从。迷惑或惊恐之时，你甚至会打退堂鼓，会认为自己在追求一个不切实际的目标。如果你真的选择放弃，那么你又心有不甘。此时，你需要复原力，也就是当事情进展不如意时，你要让自己从消极情绪中快速恢复过来，而不要让自己陷入其中无法自拔。你还可以通过休息、调适和沟通等，调整自己的身心，以备继续前进。

开放的头脑需要人们在压力下从"人"和"事"两个方向进行思考。在"人"方面，你要思考的是，你需要哪些人的帮助，例如朋友、同事、合作伙伴、专业人士等。在"事"方面，你要思考的是，你可以做怎样的规划，需要采取哪些行动，如果遇到挫折会怎么办，等等。一个人唯有拥有情绪调节能力，才能够构筑一道坚固的城墙，面对再大的压力也不会内心崩溃，才能以优雅的、有力的、真诚的、充满智慧的方式应对各种不确定性，应对各种挑战，应对各种起起落落。

2. 开放的心灵

开放的心灵指的是内心的情感能量状态，即一个人能意识到情感虽然有正面和负面之分，但是没有好坏之分。恐惧、愤怒、怨恨和绝望这些所谓的负面情感，如果处理得当就会成为走出舒适区、做出改变的动力；爱、同情、温暖和包容这些所谓的正面情感，如果应用场景不对，也会成为解决问题的障碍。如果你能在面对压力时不仅能感知到自己的情绪状态，还能有效应用情感的力量让情感有效地服务于你的理想和目标，那么你便能够充分体验并熟练掌控自己的情感。

面对压力，你需要觉察并精准描述你的情感。有的人为了和谐的氛围，很难做到关起门来进行建设性的谈话，不愿意充当反对者或问题处理专家。即使内心很不满，但为了避免局势恶化，他们也会表现出和风细雨和温柔体贴。这种老好人的态度所传递的信息是，他人的行为是可以被理解和包容的。而他人会认为问题没有那么严重，自然没有足够的意愿和紧迫感去做出改变。缺乏了坦诚、灵活和有建设性的表达感受的能力，人们将被迫忽略或隐藏内心真实的感受，情感的能量将被迫驻留在内心，以致问题得不到解决，结果事与愿违。所以，你要正视情感，以健康的方式面对情感，有效应用情感所传递的信息，让其在应对不确定性、应对压力、管理焦虑中有所产出。

要想让情感有所产出，每个人都要懂得把情感作为使者，深入解读其所传递的关于"我在抗拒什么、想得到什么"的信息。聆听内心的声音，识别产生情感的真正原因，借助这些宝贵的信息思考接下来要采取怎样的行动、做出怎样的决策，你才能够走出压力状态，才能尽快实现能量的转换。面对压力时，精准解读内心情感所传递的信息，能够帮助你做出适时、高效的且与个人价值观和团队价值观相一致的决策。在与情绪共处的过程中，你要对自己有耐心，有包容心，并且一旦做出决定，就要有勇气、有信心去采取行动。

压力就像一根小提琴弦，如果没有压力，就不会产生音乐；但是，如果绷得太紧，琴弦就会断掉。研究表明，适度焦虑可以促使人们达成最佳绩效。每个人所能承受的适度压力都是不同的，每个人都有自己的最佳焦虑区。也就是说，每个人所能承受的压力值是不同的，一个人可能在压力值为50～80时表现最佳，另外一个人可能在压力值为200～300时表现最佳。显而易见，某个压力值对某人来说是适度的，对其他人来说可能过小或过大。人在最佳压力区中，可以积极热情地投入工作，创造最佳绩效；而压力过小会使人陷入懒散、停滞不前、没有激情的状态，会让人变得冷淡、郁闷、无聊，失去创造力和动力；压力过大则会使人陷入焦虑，频频出错，有时也会让人产生过激情绪。所以，凡事都讲究张弛有度，量力而行，压力管理也是如此。其实，压力管理是一个动态的过程，有时你会感觉压力不足，有时你又会感觉压力过大。适度压力就是要对这种不足和过度进行积极调整，是保持个人思想和精神的活跃度、情感能量充沛且有持续高绩效产出的状态。

在压力下训练情感肌肉

无论是培养开放的头脑还是开放的心灵，你都要提升承受压力的能力，都要强大的情感力量的支持，都要拥有强大的情感肌肉。就像拉一个橡皮圈需要肌体肌肉的力量一样，拉开你的头脑和心灵的橡皮圈需要内在情感肌肉的力量。从基本构造上说，所有的肌肉都是一样的，不论它位于心脏、大腿或你的后背，当你对它施加压力时，你便造成了一种微小的创伤——对肌肉组织的细微撕裂。假以足够的休息和适当的营养，你的肌肉将不断适应受到的压力，不断进行自我修复，你也将比过去更加强壮。这一过程必须在适度锻炼、适度肌肉撕裂以及适度休整的情况下才能实现。强度过大的锻炼会造成肌肉的康复失效，强度太小则无法改变肌肉的状况，适度才是肌肉锻炼的宗旨。因此，你要在每次适度的抻拉过程中强迫肌肉去适应和变得强壮，从而不断突破身体的极限。

在锻炼的过程中，让你的身体始终处于一种舒适与不舒适的边缘状态，这就是适度。企业必须在削减成本的同时创造利润，必须在保证现有产品赢利的基础上投入研发新的产品，必须在进行短期投入的同时确保长期回报，需要在这些看似紧张矛盾的关系中寻求平衡。个人也是一样：繁重的工作要与家庭需要取得平衡，持续的付出要与短期回报取得平衡，过去习惯的工作方式要与新时代的要求取得平衡，等等，这些都是锻炼情感肌肉的必要手段。锻炼情感肌肉可以分为以下四个步骤。

- 识别你的目标。你要考虑清楚你努力的目标是什么，你的愿景是什么，你希望解决什么问题；你要想象理想的结果，即该结果看起来、听起来、感觉起来究竟如何。确认令自己心神向往的目标，将有助于你体验到纯粹的专注。你的思维、想法、情感和认知都关注在一个目标上，就能助力你聚集全身的能量，使其没有分散的余地。当然，在明确目标时，你要避免对成功、职位、名誉或金钱的痴迷。

- 清楚你的压力源。在你的内心，是什么让你畏惧、让你紧张的，是什么容易让你陷入情绪状态难以自拔，阻止你前进的？又是什么推动你前行，推动你成长的？你要了解自己的优点和缺点，观察自己对各种情形的看法、理解和评价，意识到哪些压力可能是由自己的认知原因造成的，哪些压力是外部存在的客观现实。你要尝试着将那些给你带来压力的事情进行分类，以便当某一类事情发生的时候，你可以快速地制订应对计划，知道什么应对方式有效、什么应对方式无效。

- 坦然面对差距。在面对差距时，你要分析理想与现实之间的差距，觉察差距面前你的焦虑程度以及想要实现的意愿度，思考你需要哪些资源和支持来弥补差距，你需要付出怎样的时间和精力，以及你是否已经为此在开放的头脑和开放的心灵两个方面都做好了准备。

- 采取行动，保持聚焦。一旦明确了为实现某个目标而采取某种行动，你就要将实施计划融入你的工作内容中，让其成为正常工作的一部分。当清楚每天的重要事项，知道这些重要事项如何服务于你的目标时，你就要放松自己的身心，专注地做事，让大脑在放松的状态下运作（更加高效），从而大大提升你的效能。在行动的过程中，当恐惧侵袭你的内心时，你要将压力具象化为某个特定的物体，并与自己保持一定的距离，想象自己打败这个物体或想象其完全在你的掌控之下，坚定地告诉自己没有什么东西可以打败你，所有的困难和险阻都必然会被你克服。心中想象的这番"战斗"必将给予你行动的力量。

当然,你不可以让自己总是处于紧绷的状态,也就是不能总让情感肌肉处于极限抻拉的状态。如果你被某个问题折磨得死去活来,或者长时间的高强度工作降低了你的工作效率,你就要有勇气抽身离开,让自己好好地放松一下。处理压力会持续消耗你的能量,情感肌肉撕裂后也需要自我修复,所以你的能量系统需要及时得到补给。有规律性的生活节奏、保证睡眠、锻炼身体、定期阅读等都会有助于恢复身体能量,因此,你要有意地划出工作和休息的界限,强迫自己在固定的时间离开跑道,停止处理任何信息,把目标从产出成果转化为精力恢复。

当休息放松过后,你会发现工作效率会产生奇迹般的变化,甚至百思不得其解的问题会得到答案。只有在意识不受到过多干扰时,创新机制才会发挥作用,大脑的活跃程度才会更高。大家会认为,创造性想法并非人们在清醒状态下有意识地思考出来的,而是自动发生的,有点像"晴天霹雳"。其实不然,一切证据都支持这样一个结论:要想接收某个"灵感"或"预感",人们必须首先对解决某个特定问题或得到某个答案有特别浓厚的兴趣,他们必须对问题进行有意识的深度思考,搜集一切与主题相关的可用信息,考虑各种可能的行动过程。尤其重要的是,他们必须有解决问题的强烈愿望,甚至夜以继日地将如何解决这个问题挂在心头。此时,如果你能保持一定程度的身心放松,那么潜意识便会为你工作,在不经意间将答案呈现出来。正如爱迪生的"打盹"习惯远不是简单的暂时休息以缓解疲劳,而是要给自己的潜意识腾挪一些空间。

顶住压力不断向前一定会在你的情感肌肉上造成创伤,假以不断的实践和不断的修正,你的情感肌肉也将适应受到的压力。在付出行动后,你还要有勇气去审视自己的失败和错误，去归纳总结出原因，再进行尝试。如果这是一件非常重要且有难度的事情，你就需要不停地直面失败和错误，分析原因并再次做出新的尝试，直到得到你希望看到的结果。

记住，锻炼情感肌肉的最终目的是做真实的更好的自己。生活充满了喜悦和悲痛，你要允许自己自由地体验喜悦和悲痛，享受人类的所有情感。在扮演演员和观众的同时，你必须保持敏锐的直觉来看待真实的自己。真实的自己能够学会张开双臂接纳所发现的一切，表达完整的自我，倾听自己的声音，发掘自己全部的能量，让自己成为命运的建筑师。

识别压力指示器

如何及时识别自己是否已经处于压力过大的边缘呢？以下方面是你的压力指示器，可以帮助你做出判断。

- 情绪问题。每个人都不免在特定的时间或特定的情形下感受压力过大、焦虑过度，甚至有的人会长期处于这样的状态。情感是能量，一个人的能量如果消耗殆尽，那么随之而来的便会是焦虑、易怒、烦躁、无助、失望、意志消沉、冷漠和自我怀疑等负面情感。如果此时缺乏情感再生的来源，负面情绪就会持续恶化。
- 思维问题。在高压之下伏案工作几个小时，任务量过重或过于集中，劳累是必然的结果。此时，你的注意力将无法持续集中，你将变得思路狭窄和精力分散，你会做出错误的判断和决定以及忽视工作的质量，你的创新能力和应变能力都会明显下降，等等。这说明你的情感能量和身体能量都消耗过度，来自内部的各种"噪声"严重阻碍了你的工作效率。

- 身体问题。持续的压力会带来一系列的健康问题：心脏问题、头疼失眠和血压升高等。压力下的身体健康问题是非常容易辨识的，而且每个人的表现症状也具有个性化。

第二节　有效应对危急局势

现在，我们来想象一下你要做一个大型演讲的场面。可能公开演讲对你来说问题不大，但是今天不同，你的演讲关系到你能否晋升，台下的听众都是公司的高层管理者。从你登上讲台的那一刻起，你的身体里就开始流淌大脑释放的压力荷尔蒙。当你看到高管们坐在听众席上时，你的心里开始上演最糟糕的场景，你听到自己的内心在说"我要离开这里，让这场演讲赶快结束吧！"，你感觉快要崩溃了。可想而知，你的这场演讲一定不是最高水平的。

有些人在日常工作中的表现很好，对各种情况都能够应对自如，但一到关键时刻，例如向高层汇报工作、当众发表演说等，他们的表现就会逊色很多。而另外一些人也许在日常工作中的表现不那么出色，但他们却能在关键时刻大显身手，超水平发挥，给领导留下非常深刻的印象。其实，这两类人之间的区别并不在于一种人比另一种人的天资更高，而在于他们能否善于应对危急形势。如果你在危急关头反应得当，你就能展示平时不具备的威力与智慧。如果你反应不当，你在危急关头就会失去应有的技能和控制力，而这些是你平时都可以发挥出来的。

在无压力的环境下做好准备

"表现"一词的字面意思是突出、发挥、显示，是将力量、才华和能力显示出来。"表现"能够点亮你自己的明灯，让你光芒四射。其实，人们之所以会在危急形势下表现失常，关键原因是，这样的场景发生的频率很低，人们得到锻炼的机会很少，技能没有得到充分训练，因此当置身于这种形势时，人们表现得自信心不足。因为自信心不足，人们通常制定的目标就不在于展现出最优秀的自己，而在于别出错就行，其内心真实的想法就不在于利用危急形势这样的场合来充分"表现"自己。

既然危急形势下表现不佳的关键原因如上所述，那么要想发挥正常，甚至超常发挥，人们就需要在无压力的情况下做好充分准备。无论是运动员还是演讲者，都会为了更好地适应压力而做好充分的准备，他们会在现实中、头脑里将可能发生的各种场景预演很多遍，以至形成肌肉记忆——当现实情景发生的时候，肌肉会自动执行正确的指令。换言之，让自己成为一名抗压型选手是完全可能的，这取决于你是否掌握了一些并不复杂的态度和技能，这些态度和技能是可以通过在无压力情境下的学习、练习或培养获得的。

掌握有效的方法和技能

有时，学习新知识会比较容易，但要掌握有效的方法和技能则需要在指导和反馈下进行训练。把一个不会游泳的人扔到较深的水池里，他的求生本能可能会形成某种力量，让他游到安全之地，但他永远不会成为游泳冠军，因为他用来自救的、粗糙而笨拙的划水动作会成为固定动作，从而使他很难掌握更合理的游泳姿势。由于姿势不对，他在遇到真正危机的时候就有可能被淹死。在基本动作没有固化的情况下，即兴发挥一定不是高水准的表现，因此你需要在平时没有压力的情况下掌握正确的动作要领。

学习方式可以有多种，比如你可以观察他人的哪些表现令你印象深刻，他们的哪些肢体语言、面部表情、语音语调和说话内容等令他们光芒四射。你要仔细观察，抓住一些关键的细节动作，无论是眼神、手上的动作、身体的姿势和讲话的速度，还是内容的设计，等等，越具体越好。在平日里没有压力、身心放松的情况下，你要创造机会让自己训练这些动作和技能，同时在脑海中进行训练，在心中构建一幅自己成功的心像（这种心像能够激发你在面对挑战时超常发挥）。如果现实中的练习与头脑中的练习同步进行，你的技能就会逐步提高，当你面临真正危急形势时，你的头脑和身体就或做出镇定且正确的行动。

当置身于危急形势时，你首先要运用具象化来管理你的焦虑。你要在头脑中"看到"自己光芒四射的状态，看到平时训练的动作在完美呈现，看到那些高管听众为你的热情所感染，他们鼓励和满意的神情表示了对你极大的赞许，或者干脆想象自己在现场被告知获得晋升。你还要不断地给自己心理暗示，告诉自己"我可以"，直到自己深深地相信这一点。按照自己"看到"的样子去行动，在危急时刻，你就能够随机应变，因地制宜，即兴发挥。

避免过度反应

有的人之所以在危急形势中感受到巨大的压力，是因为他们小题大做，把危急时刻可能带来的危险和后果过度放大。这时，一种常用的技巧可以帮助你缓解过度焦虑的情绪，那就是在面临危急形势时扪心自问：

"如果我失败了，那么最糟糕的情况会是什么样呢？"你要严肃认真地考虑可能出现的最糟糕的情况，要"真实"地看到这种后果就在眼前。很多做过此练习的人反馈，职场上这些所谓的"危急形势"几乎没有什么是生死攸关的，而通常都是一种机遇。直面最糟糕的情况即便不能促使你前进，至少可以让你保持对当下情形的清晰认知。比如，一名销售员遇到的最糟糕的情况不过就是拿不到订单，那也不比拿不到订单之前的形势更差；求职者最糟糕的无外乎是找不到工作，这与他们在开始找工作之前没有什么不同。销售员如果过度放大与客户面谈的重要性，求职者如果过度放大每次面试的重要性，就可能在现场表现得过于紧张，反倒不能正常发挥自己的水平。

很少有人能够意识到简单的心态变化所带来的积极影响。无论面对怎样的局面，你都不要被自己吓到慌乱地、盲目地、焦躁地做出反应，而要在心中看到自己在危机面前冷静沉着、镇定自若的言谈举止，感受到自己在逆境中的掌控力和信心，那么现实中的你便会按照所"看到"的样子行动。有的人还会为自己在危急形势下糟糕的表现找借口，说是自己性格使然。然而人的性格都是多面性的，在日常工作中，你表现更多的是自己的主导性格，但主导性格并不代表你就简单地属于哪一类人。危急形势并不经常发生，所以你展现能力的机会就很少，因此在平时，你要有意识地针对此项能力进行开发和锻炼。人是复杂的、立体的、多维度的，这也是为什么每个人的潜力都是无限的。通过训练，你完全可以在危急形势下展现不同的自己！

第三节　抗压情商能力对工作的影响

情商能力低的影响

挤压情商能力低的人在工作中会以比较消极的态度看待压力，而且应对压力的策略也比较有限。他们在压力下的情绪反应较强烈，在压力面前会显得无助或束手无策，焦虑感和紧张感会持续增强。面对压力，他们会更关注消极的因素，选择性地忽略压力的积极意义及其可能带来的机会。这种反应模式致使他们在压力下不能清晰理性地把握全局，不能及时采取有效的策略性行动，而会任由负面情绪掌控自己的思想和行为。另外，在压力面前，此类人的个人弱势项会更加凸显。

抗压能力较低也会对人际关系造成影响，他人会认为此类人不能承受压力，不能有效处理棘手事项，不能应对复杂局面，在困难和挑战面前要么表现出较强烈的负面情绪，要么选择逃避问题，有时问题在他们那里不仅得不到解决，反而会变得更糟。另外，他们很难赢得他人的信任，因为他们会影响目标结果的达成。

情商能力高的影响

抗压情商能力较高的人会以积极的态度面对压力，有"我能够经受任何考验"的达观态度，面对压力能主动调整自己的情绪和行为。他们在压力面前会尽可能保持情绪状态稳定，很少会反应过激，能够采取应对措施，保持一贯的表现，而且对结果的掌控力强。他们在压力面前彰显出的沉着和专注，不仅会让他人感觉此类人值得依靠和信赖，而且对他人也具有一定的激励作用。另外，此类人在他人遇到困难时能够给予安慰和支持，所以也是在压力情境下的团队的强心剂！

抗压能力过高的人也可能面临一定的风险，他们可能会忽略内心消极情绪的信号，如恐惧、愤怒、反感等，这些信号可能会是风险警示。另外，他们可能会期望他人也应该具备和他们一样的抗压能力，对他人的期待值比较高，对他人的表现可能会表示不满和失望。其实，并不是所有人在压力面前都有出色的表现，这就要求抗压能力高的人耐心积极地影响他人，带动他人一起承受压力。

第四节 抗压情商能力发展策略

试着一次只做一件事

导致混乱的原因除了紧张、匆忙、焦躁等情绪之外，还有一个原因就是，企图一次做几件事，这是一个不合理的习惯。在某个特定的时刻，一个人似乎要同时面对十几件不同的事情，有十几个不同的问题要解决。当对眼前的大量工作思来想去时，人们便会感到不安、担心或焦虑。这些不安情绪不是工作本身导致的，而是心态使然，即"我也许一次便能做完这些事"。其实，无论生活多么忙碌和喧闹，即使在最繁忙的一天，所有的问题、任务或压力，总是以"一列纵队"的形式来到眼前的——这是它们得以出现的唯一方式，它们并不需要你同时完成。

你要在脑海中构建一个沙漏的心像（细口处有许多事情等待逐个被

处理）来告诉自己事情要一件一件做，试图一次做很多事是不可能的。事实上，一次只做一件事，将所有注意力都集中于正在做的这件事上，这种态度会让你感到轻松，不会让你有匆忙或焦虑的感觉。这样，你就能最大限度地集中精力思考，最高质量地完成任务，从而避免后续返工再次造成压力。如果这是一项非常艰巨的任务，那么你可能会被它的难度吓倒——恐惧阻碍了你适时采取必要的行动。此时，你要学会把它分解成若干小块的"纵列任务"，让问题逐个得到解决。职场上的高手都懂得集中精力各个击破的道理，而不会将精力分散到多项任务上。

避免干扰

日常工作被打断总是令人非常恼火，尤其是正在从事一件非常重要的工作。事实上，工作环境中的压力与被干扰有着直接关系。为了处理工作环境中的压力，你需要考虑留出整块的不受干扰的时间。当被干扰无可避免时，不管是来自外部（电话、同事、邮件等）的干扰，还是来自自己内心（消极情绪、心烦意乱等）的干扰，你都要尽快处理这些干扰，将干扰因素降低到最低。你可以把这些干扰因素想象成流水，而你的注意力就像那流水上面的桥一样，几乎不会受到流水的影响。经过排除干扰因素的练习，你就会形成习惯，而这个习惯对减轻压力非常有效。

责任分解

人们越是忙碌，越会认为自己对他人来说不可或缺。压力有很大一部分来源于一种感觉，即所有事情只有自己一个人能扛。这种"超人模式"的底层逻辑就是，只相信只有自己才可以将事情做好。这种模式不仅会增强你当下的焦虑感，而且为未来面临更大的压力埋下了隐患。你要学着去相信你的同事和你的下属，适当地让他们分担一些责任。你还可以从上司身上获取资源，例如你独立完成某些任务可能需要很长时间，但如果能借力上司这个资源，或者发挥他的资源优势，你所花费的时间就会大大减少。

多与正能量的人待在一起

压力是会传染的。人们无意识地会通过声音、表情、肢体语言、眼神等非语言信息解释他人的行为，揣测他人的意图，感受他人的感受。当你看到他人在压力面前的紧张兮兮和无所适从时，你可能也会变得六神无主，不知所措。当你看到他人在压力面前镇定平静的面庞和临危不乱的表现时，你紧绷的神经也会慢慢地松弛下来，信心也会倍增。多与正能量的人待在一起，有利于你理解他们的想法，感受他们的情感，学习他们积极应对压力的具体做法，感知他们面对困难和失败的态度和决心。当你遇到问题和挑战的时候，你也会展现类似的态度和决心，展现类似的想法、情感、做法、态度和决心。

不断学习、提升技能

不能有效应对压力的一个非常重要的原因是，自身能力的局限性，所以提升抗压能力的一项持久的策略就是不断学习、提升技能。无论是专业技能的提升还是其他软技能的提升，都能够提振你应对压力的信心。

及时排解负面情绪

当工作受阻或进展不顺利时，你难以避免地会表现出比较压抑和低落的心情。此时的你如同一台蒸汽机，身上膨胀的蒸汽无处排遣，于是你需要一个安全阀排出多余的情绪"蒸汽"。各种身体锻炼方式都有益于慢慢排遣掉这些"蒸汽"，例如慢跑、做俯卧撑、举哑铃等。如果你感觉心中对某人充满了怨恨或不满，那么更适合你的是那些击打或猛撞的运动——高尔夫、打网球、打保龄球、打沙袋、拳击等等。一旦坚持这些运动，你体内的负面情绪会及时得到排解，你会以较轻松的心态和满满的正能量面对工作或人际上的压力，能真正把问题解决好。要做好压力管理，归根结底是要把问题彻底解决好，把每一个问题都解决好才是铺就前方宽广道路的最有效的方式。

第十五章
乐　观

案例：王勇如何应对工程师的反对意见

为了提升赢利能力，公司决定实施模具的本土化生产，也就是寻找国内的模具厂商替代原来的国外合作商。这是本年度采购部的一项艰巨任务，部门指定王勇为负责人。王勇立即召开相关部门会议，宣布公司这一重大决定。王勇的话音刚落，技术部门的一位工程师表现得非常激动，大声说道："我们和国外的模具厂合作得很好，虽然对方的要价高点，生产周期长点，但品质好啊。如果我们与国内的厂商合作，出了问题你能承担得起吗？"这位工程师非常熟悉与公司合作的国外模具厂的实力，他指出，如果改成与国内的模具厂商合作，不仅建立标准化工作流程需要时间，厂商的模具质量也不一定靠谱，能否满足客户要求不得而知。

王勇听后非常恼火，认为此人站位实在太低了——这是公司的战略化决定，公司的战略不可能让位于员工的工作舒适度，况且今天召开的是方案研讨会，又不是吐槽大会。但是，王勇转念一想，这位工程师的担忧非常有道理，而且此人是方案能否成功落地的关键人物，他面对的压力最大，如果自己处在他的位置，那么很可能会和他一样反应强烈。王勇平复了心情，说他在这些方面也有所担心，相信也是在座其他人心里的顾虑，同时表达了对这位工程师面临巨大压力的理解。王勇接着对这位工程师说："你是这方面的技术专家，我想请教你几个问题。你认为国内模具厂商可能出现什么问题？你认为这些问题产生的原因可能是什么？你认为公司应该制定怎样的标准，才能筛选出靠谱的、值得信任的模具厂商呢？"

听到这些问题，这位工程师的情绪慢慢平静下来，开始基于其专业经验进行理性分析，提出建议。之后，他答应把公司在模具开发方面的经验整理出来，从专业角度制定一个筛选潜在国内模具合作方的标准清单，帮助公司寻找合适的模具厂商。

在这个故事中，王勇不仅很好地体现了同理心、解决问题、事实辨别和抗压能力等几项情商能力，而且也展现了对达成挑战性目标的乐观态度。虽然技术工程师的质疑听起来让人不爽，但他说的都是真心话，指出了公司需要面对的问题——这些问题如果得不到解决，就会造成公司战略计划的失败。王勇对这位工程师说出了大家的心里话表示认可，这不仅体现了同理心，也体现了对这位工程师的乐观积极的态度。接下来，王勇通过提问的方式，让对方基于客观现实，深度分析问题的关键所在，并请对方制定出切实可行的筛选模具厂商的标准。这说明王勇既没有忽略问题，也没有被问题吓倒。王勇理性客观地探索解决问题的办法，并且相信这位工程师的心情和他是一样的，即渴望有效解决这些问题，实现公司这一重大战略目标。王勇的做法向团队传递了信心，让大家向着达成结果的方向共同努力，并对达成结果都持有乐观积极的期待。

第一节　在逆境中保持积极的态度

乐观是指即使在逆境中依然能够看到生活光明的一面，并且保持积极态度的能力。乐观的人积极面对事情，即使遇到挫折，也能保持希望和达观，在困境中能够保持热情。美国作家马克·吐温说过："一个乐观主义者即使处于一无所有的境地，也能找到通向幸福之路。"[1]乐观的人在面对低谷、不幸和错误时，不会一味地沉浸在负面情绪中，而能够迅速回到"意识"状态，及时调整心态和看问题的视角。积极心理学之父马丁·塞利格曼在《活出最乐观的自己》（Learned Optimism）中写道："乐观向上的人往往认为失败只是暂时的，困境可以成为一种挑战、一个有所作为的机遇，会呼唤出更大的努力。"[2]

乐观体现了对未来的信心

乐观的人总是相信未来是美好的，即使并没有足够证据来支持这种期望。他们将注意力聚焦在事情好的一面、具有积极意义的一面，而不是坏的、产生消极影响的一面。他们会关注自己能做什么，而不是不能做什么，而且他们不会天真地认为解决问题很简单，或是会有完美的解决办法。他们会在行动中不断尝试，探索各种可能性，即使多次失败他们也不会轻易放弃。他们对自身的潜能持有积极乐观的态度，相信经过持续不断的努力一定会看到希望和光明。

乐观的人对于自己的抗击打能力有着强大的信念，他们相信失败是

---

[1] 马克·吐温.百万英镑[M].张友松，等译.北京：作家出版社，2015.
[2] 马丁·塞利格曼.活出最乐观的自己[M].洪兰，译.沈阳：万卷出版公司，2010.

通向成功的必经之路，自然界的成功规律就是"尝试—失败—调整—再尝试—再调整……直至成功"。乐观的人拥有强大情感力量的支持，他们能够表现出勇气、坚韧、毅力、自强不息的品质。乐观的人会在遵循自然规律的过程中经受各种情感的历练，并会在经历、感受、接纳、管理的过程中妥善处理他们的悲伤、喜悦、沮丧、挫败等情感。所以，乐观的人不会让负面情感扰乱自己的生活，而会保持适度的谨慎，绝不会因为害怕而放弃对新事物的尝试。

乐观的人对探索未知的自我充满好奇，他们知道外部经验会不断地塑造个体并能使人们从不同角度认识自身，不断尝试能帮助人们探索自我的不同侧面。他们拥抱变化，面对变化会积极行动起来——投入新的项目和活动中，以及与各种人交往，并尝试接受新的任务、新的管理方法。

乐观的人明白，在面对变化时，他人的质疑和反对是非常正常的反应，他们能够接受他人这些负面情绪，但不会以批判性的、情绪化的、以牙还牙的方式与对方沟通，因为这会带来能量的进一步损耗。将能量损耗在相互批判、相互攻击中，只能达到情绪的宣泄，对解决问题无济于事。乐观的人让自己成为负面情绪的中转站，从他们那里传递出来的都是经过转换后的正能量——具有方向的引领性、解决问题的策略性和战胜困难的坚决性。

乐观是一种积极的选择

有些人认为，乐观是一种天生的性格特质，但心理学研究发现，乐观主义精神的遗传概率为25%，乐观更多的是一种后天培养的能力。乐观是一种态度，是如何面对人生、面对困境的战略性选择。选择权掌握在每个人的手中，每个人随时都可以改变做出的选择。如果你总想着坏事情也许会发生，它们就真有可能会发生。如果你纵容烦恼阴魂不散地跟着你，它们就真的会使你厌烦透顶。如果你选择微笑的话，一切就都会变得好起来。把精力放在你所能掌控的事情上，改变你能改变的，接受你不能改变的，乐观看待生命中发生的各种事情，这就是智慧！乐观的人比悲观的人具有更强大的力量，并不是因为智力上或技能上更胜一筹，而是因为他们"这台机器"运行得更加良好——他们自带加油器，为他们的思想、情感、精神、行动提供永不停息的动力。

乐观并不是快乐，也不是追求快乐，保持乐观并不是每时每刻都要快乐。乐观是面对变化和困境的一种达观态度。所谓达观态度，就是接受事实是残酷的，是无情的，是会经历失望、悲伤、焦虑、恐惧的，但即便如此，一个人仍然要适应环境并充满希望地行动。乐观的人不假装快乐，他们之所以看起来有信心、有力量、给人以希望，是因为他们的自我治愈能力比较强，他们内心充满光明。乐观的人不会逃避现实问题，不会轻易地被现实击倒，无论身处多么艰难的境况，都会对未来抱有美好的憧憬。

乐观会给个体带来众多益处。研究表明，乐观有利于促进身心健康，尤其能够缓解抑郁情绪；乐观者能更好地应对压力，能更好地适应环境，能在工作和生活中取得更高的成就。乐观的心态能够减少和预防疾病的发生，乐观的人生病的次数更少，寿命更长，比消极的人更快乐、更成功。有一位医学博士说："乐观是战胜病痛和维持健康的关键，这种积极的态度和药物的作用相当，但是它们并不像医学上的麻醉药品那样，让机体发生机械的刺激反应后却耗费人体的能量。乐观对身体所产生的功效是通过符合生理机能的方式，把生气和能量给予身体的每一部分，使我们的血液流畅、面色红润、步履轻盈。我们的健康得到了加强，疾病也就会被赶走了。"

第二节　基于现实的乐观主义

大量研究结果显示，真正乐观的人是将现实主义和乐观主义相结合的产物。仅有乐观主义是不够的，你必须保持对现实的警觉，即保持一定的警惕性和危机意识，对自己所做的事情既保持客观的态度，又不失想象力；既不畏惧事实，也不会一味地放大问题。乐观的人会考虑事情的方方面面，从事情本质上而非个人意愿上看待问题，他们很清楚实事求是地对待自己、对待他人、对待现状才是长久的处世之道。这需要很大的勇气，因为直面各种问题和挑战，必将让你体会各种复杂交织的情感——酸楚和痛苦也许会是主旋律。

正确对待现实中的"痛"

很多事情都不是那么容易完成的。面对困难，我们所能选择的路径大多都是坦诚面对：哪些已经做得不错，哪些做得不好，哪些尚未完成，哪些需要改变，等等。尤其是在今天的市场环境中，不稳定性、不确定性、复杂性和模糊性占据着主旋律，这会给人们带来极大的焦虑感，因为相比较而言，大家更喜欢稳定且可预测的事情。面对此种情形，乐观的人会不断提升自己的职业能力以及整合资源的能力，并时刻抱有积极乐观的态度。他们会说"我遇到了一个问题……该问题的严重程度……我认为出现该问题的原因是……这些是我将要做的事情……这些是我需要获得的帮助……"，这才是基于现实的乐观主义的典型表现。乐观的人会积极分析形势，阐述各种可能性，既清楚地看到问题，制造适度的焦虑，又能够看到希望，让自己和他人充满信心。由于他们的世界充满了各种选择，所以当面对模糊的、不确定的、不可预知的情况时，他们会进行分析、探讨、选择，在未知的道路上积极构想成功，脚踏实地去创造成功，而且他们不逃避失败、沮丧、脆弱、畏惧、无奈等真实的情感体验。他们一定会感受到很多痛，但能够接纳并理解这些痛，因为"痛"本身也是客观现实的一部分，无须逃避。

现实主义的乐观是创造未来的基础

面对半杯水，乐观主义者会主动装满剩下的一半，他们坚信明天会比今天更好，并有意愿去创造美好的未来。现实的乐观主义者基于对自己的信念以及自己改善现状的能力，相信人们能够把握自己的命运，能够改造周围的环境。现实的乐观主义者拥有梦想，并有实践梦想的勇气。梦想之所以是乐观主义的核心，是因为梦想能够激发人们期待各种可能，能够激励和调动人们的潜能，让人们相信自己，并赋予人们充分的发展空间。没有梦想，踌躇于日常的困难，人们便犹如生活在黑暗中，无法看到前方的光明，最终会向质疑和恐惧低头。反之，拥有梦想，人们会从困难中崛起，甚至面带微笑直面重大危机。

现实主义的乐观是创造未来的基础。对乐观主义者而言，问题总是暂时的、可以解决的。他们会构想积极的结果，透彻地看待事情从头至尾的过程，做好迎接最坏结果的准备，同时会努力促使最好结果的达成，所以他们是冷静的、理智的。他们拥有阳光心态的必要条件——宽容，把战胜困难和挫折当作生活的乐趣，能够理智地分析事情发生的本源，审时度势，乐观，善于自嘲，有志同道合的良师益友，情感独立……这种实事求是的思维模式、情感模式和行为模式让他们获得了真正的自由，真正的释放。

现实主义和乐观主义的结合将成倍地壮大一个人的能量，犹如两种元素在经历化学反应之后可能会生成稀有的第三种物质。一旦掌握了现实乐观主义的真谛，个体将产生适度的压力，而这些压力将会转为动力并会激发个人的潜能，同时也会对周围的人及组织产生积极的影响。

避免盲目的乐观主义

乐观也包括盲目的乐观，这种乐观表现为重复做着同样的事情却期待看到不一样的结果。盲目的乐观主义者好高骛远，爱做白日梦，总是受到"事情总会往好的方向发展"的自身需求的驱使。他们忽略事实，掩盖坏消息，只关注事物好的一面。由于免受看不见的困难的骚扰，他们会幻想自己战无不胜、无懈可击。于是，他们认为自己可以"解决"所有问题，其实他们停留在原地，只是无端地相信事情一定出现转机。他们盲目自大，至少看起来如此。

盲目的乐观主义者是理性主义者，自信的外表下是他们脆弱的自我；这些人喜欢听好话，但不喜欢听真话，表现得比较任性，沉溺于自己玫瑰色的世界中或者内心的空中楼阁里；他们夸夸其谈，理想远大，却很少立足于客观现实；他们低估问题的困难程度，高估自己的能力，会排除抵制自己理想的人和事。由于设定的目标不合理，达成的可能性比较低，其他人会丧失对此类人的信赖和认可，以至此类人的理想的愿景最终会沦落为缥缈的幻觉。

不论是自我感觉良好，还是幻想宏伟的未来，理想主义者都显现出焦虑不足，盲目地认为事情一定会向好的方向发展，所以他们不能预测潜在的风险，不能积极采取行动管理风险，只是一味地等着听到好消息，而事实上，他们听到的大多数都是令人失望的消息。

避免现实的悲观主义

马丁·塞利格曼在《活出最乐观的自己》一书中写道："成功的生活需要大部分时间的乐观和偶尔的悲观。轻度的悲观使我们三思而后行，不会做出愚蠢的决定；乐观使我们的生活有梦想、有计划、有未来。"事情都有两面性，有积极的一面和消极的一面。一个具有积极心态的人并不否定消极因素的存在，并会认真对待消极因素可能带来的影响。他们会积极对待风险，只是不让自己沉溺其中，即使身陷困境也能以积极的心态去面对，因为他们对未来充满希望。而悲观的人即使看到积极因素的存在，也会认为其对于自己的积极影响是非常有限的，甚至会认为其价值可以忽略不计，因为他们相信事情在总体上是很糟糕的。他们只选择印证他们负面情感的各种信息，这会进一步强化他们的负面情感。久而久之，他们的生命机体就会被恶劣的情绪磨损，像劳损过度没有及时维护的机器一样，噪声大、效率低，生产出的产品质量也相对较差。

乐观主义者与悲观主义者有各自的行事风格。悲观主义者把消极的事物看成是持久的、个人的以及普遍的因素，认为自己或他人注定会失败，失败的后果对生活及工作有着普遍的影响。他们并不容易看到事物好的一面，对于效益反应迟钝，对于亏损反应敏感，不关心如何利用积极的因素，把逃避最大负向价值作为其行动指南。乐观主义者把消极的事物看成是暂时的、非个人的、特定的因素，认为自己或他人并不注定会失败，错误并非完全是个人的责任，由错误所造成的影响也不是普遍的，而只会局限在特定的领域和特定的程度。他们会思考如何扩大积极因素的影响，他们的行动指南是如何创造更有利的局面。

所以，打倒一个人的不是挫折，而是面对挫折时所抱持的心态。消极悲观是不可取的，因为它既让你对于还未发生的负面事件感到忧心忡忡，打乱你做事的节奏，又会将你的时间和精力浪费在无谓的烦恼和焦虑上。困难和挑战并不会因为你的悲观而有任何减少，反而会损耗你本就非常有限的精力和生命。

悲观主义者的另一极端的表现是愤世嫉俗。愤世嫉俗的人容易被真真切切的现实吞没，他们的眼中，永远只有问题，而且对于问题经常会反应过度。他们习惯性地抱有消极的心态，无法想象各种可能性，更无法激励他人。所有的事情到了他们那里都会存在一堆问题，而且问题会被无限放大。他们不仅会表现出过度的焦虑，而且会有意识地传播令人不安的信息，让周围的人感受到灰暗和压抑的气息。

悲观产生的原因有很多，比如自闭的性格、不幸的成长经历、身体虚弱等。当一个人生病或者感到疲惫的时候，他的情绪往往会非常低落；另外，如果工作生活中遇到了很大的挫折和压力，某些人也可能会表现出情绪低落。有些人可能在成长的过程中已遭遇过太多难以逾越的困难，有些人可能在很小的时候就学会了"期待越少，失望越少"。总之，由于对失败充满恐惧，这些人保留着过低的期望，对成功充满质疑。

第三节　乐观情商能力对工作的影响

情商能力低的影响

乐观情商能力较低的人在对待工作和他人时较为悲观，会抱有消极的心态和思想，看人看问题时更加关注消极而非积极因素，会预见较坏情况并基于此制订行动计划。此类人设定的目标和绩效预期比较保守，不像其他人那样对未来充满希望。与克服障碍所带来的兴奋感相比，他们体验到的更多的是自身错误带来的沮丧或愤怒之情。此类人会在头脑风暴、创意活动中不自觉地传递负能量，因为他们更多地关注不可能的一面，会对他人造成打击，影响挑战性目标的设定。当然，作为团队中的"魔鬼代言人"，他们不一样的思考视角有时也会令团队受益。

情商能力高的影响

乐观情商能力高的人纵使在工作中遇到挫折也能保持积极心态，更愿看到事情积极的一面，会用积极的心态看待世界，会积极地面对生活中的挑战，在阻碍和困难面前越挫越勇，在问题面前表现得坚韧不拔。此类人善于发现他人忽视或因太难、太费时间及令组织难以应对而拒绝的机会和可能性，勇于设立挑战性目标，积极宣传美好的愿景，同时能够发挥自身和同事的实力，在挫折和失败面前不会贸然放弃。尽管过程是不易的，但此类人从中体验到的更多的是希望、信心、成长和价值等积极情感。他们是正能量的中心，对他人有着很强的感染力和感召力，会影响他人加入他们所描述的乐观愿景中。

乐观情商能力过高也会有风险。极为乐观的人会只关注事情积极的一面而忽略其潜在的风险，对风险的评估及准备不足，或遇到突发事件时应对措施不足。此类人也存在过高评估自己个人能力的风险，会造成所设定的目标不切实际。同时，此类人会过多关注积极的情绪感受，潜意识里会压制消极的负面的情绪，如恐惧、愤怒、反感等，不论是自己感受到的，还是他人表现出来的。这些消极情绪所传递的重要信息会被忽略，使得一些问题得不到重视和及时解决。

第四节　乐观情商能力发展策略

树立个人愿景

树立个人愿景能够帮助人们向着美好的方向做出改变，还能让这些改变持续进行。人们可以采用内心成像的方式让生活中的一些美好希望和梦想变得具体化、形象化，最后变成现实。个人愿景是人们关于未来的理想画面，只有通过它，人们才能把对生活最深层次的渴求和需要真正表达出来。个人愿景包含人们对生活和工作的幻想，还描绘了自我的未来状态。如果未来的自己身心放松，能够坦然面对生活中的一切，那么当下的你便会积蓄力量，工作效率会大大提高，你也会觉得万事都有可能。个人愿景不仅能指导人们的决定和行动，还能够帮助人们在情感上实现自身修复。

从专注问题到专注方案

在困难和挑战面前，如果将注意力放在问题和挑战本身，你会感觉困难就像一座山，会压得人喘不过气，你也很难看到成功的希望。此时，你很容易被困难吓倒，容易陷入悲观失望的情绪状态。俗话说"办法总比困难多"，此时如果你将注意力从专注困难挑战转移到探索解决问题方面，把精力和重心放到可能采取的行动方案上，大胆地展开各种设想，制定具体可行的策略，那么你会感觉到希望，如释重负。也就是说，你能有效地排除自己的各种担忧，你对待问题的态度也会从悲观转到乐观。

转移看人看事的视角

人具有多面性，事情具有多维度，世界存在的方式不是平面且静态的，而是立体且动态的。这意味着，从不同的角度和不同的时间来看，你看到的景象会完全不同。悲观的人会从静态的、单维的角度来放大不利的一面，而放大不利因素会带来负面影响，以及放大个体的负面情感体验。例如，悲观的人会过多地关注他人的缺点而非优点，会抱怨事情的进展不顺，而不会看到已经取得的进步；他们会指责他人所犯的错误，而不会看到他人付出的努力；他们会评价事情带来的负面效应，而不去关注事情产生的积极影响；等等。他们深受负面情绪的侵扰，甚至难以自拔。

当下一次想指责和抱怨一个人的时候，你一定要给自己一点时间思考：这个人有没有一些好的方面，有没有值得你赞成、赏识的地方？在想抱怨一件事的时候，你不妨想一想这件事有没有积极的意义，有没有带来一些好的改变，有没有让你从中学到什么或领悟到什么。当担心某件事情自己做不好的时候，你可以静下心来思考一下自己以前成功的经验，你具备哪些优势，如何可以更好地发挥自己的优势。转换了视角就是转换了输入头脑中的信息，从而使得输出的思想、情感和行为也会有所不同。

感恩的心态

乐观的人都懂得感恩，最乐观的人往往也是最懂得感恩的人。他们能看到和感知到世界所赋予他们的一切，无论是幸福、美好，还是困苦、磨难。他们并不把所得到的幸福美好视为理所当然，也不把所有的苦难视为一种惩罚，而会用感恩的心态面对所经历的一切，相信所有发生的事情都是有意义的，是值得思考的，是有助于自己成长的，是绚烂多彩的生活不可或缺的一部分。所以，他们会用全部的感官体验生活中美的、好的、善的元素，并让自己成为这些元素的积极传播者，作为对美好生活的回馈。感恩的人是容易满足的人，容易满足的人在生活中看到的更多的是富足和充裕，所以他们会更加乐观；那些永远都不满足的人，从生活中看到的更多的是匮乏和缺失，所以他们会更加悲观。

调整自己的语言和行为模式

乐观是一种习得的习惯，一个人是否乐观主要表现在他的言谈举止上。也就是说，如果一个人想变得乐观，那么他可以从改变自己的语言模式和行为模式做起。你要尽量避免任何具有负面意义的表达方式，尤其要根除担忧抱怨、吹毛求疵、闲言闲语、恶意中伤、评判指责他人的行为，因为这些表达方式不仅会伤害他人，而且会使你个人的消极情绪扩散和蔓延，并让你感觉越来越糟糕。你还要尽量避免一些阻碍事情进展的行为，尤其是故意阻挠、蓄意破坏、从中作梗等行为，因为这些行为是滋生怨恨和恐惧的温床。因此，你需要传达正能量，多做一些有价值、有意义的事情。日行一善，传递正能量，慢慢地你就会成为正能量的中心，而生活将会给你带来新的感受、新的体验、新的惊喜。

不被他人的悲观情绪绑架

即使你能做到少传递负能量，却不能保证他人也能做到，所以你会经常被动地置于受他人负能量绑架的危险局面。谨记，不要为了做老好人而随便附和别人，你的附和只会让他人的悲观情绪越来越严重，不利于他人心情及局面的扭转。在理解他人感受的基础上，你要让所有人的情绪转移到寻求解决方案上来，或者引导大家从积极的方面思考问题，抑或尝试换一个话题。你要让你的加入撬动能量和氛围的转换，而不要让你的加入成为其他人情绪更加消沉和郁闷的导火索。

活在当下

悲观的人之所以悲观，是因为他们并不相信明天会更好，对未来没有积极的期待。基于现实的乐观主义者，他们不仅对未来持有积极的期待，而且明白一个道理，即未来是由无数个当下——当下的所思、所想、所感、所行积淀而成的，所以创造美好的未来、活好每一个当下才是智慧之所在。基于现实的乐观主义者是最有创造力的人，他们充分省察自己，知道如何发挥每一个当下的力量，从而驱除生活的艰辛并带来其中的甘美；他们知道如何用每一个当下所创造的成果来铺就攀登高峰的坦途。他们不会为过去的失败或错误而烦忧，因为过去的不会再来；他们也不会为明天会发生什么而担忧，因为明天发生什么并不完全在他们的掌控之中，他们所能掌控的，只有每一个当下。只有确保每一个当下是有意义、有价值的，人生才会精彩无限。

传递正能量

每个人身上都带有能量，健康、积极、乐观的人带有正能量。人们就像"飞蛾趋光"一样，喜欢光明快乐，喜欢和正能量的人在一起，喜欢被那种积极向上的感觉感染，喜欢"活着是一件很值得、很舒服、很有趣的事情"的感觉。我们都要努力成为散发出这种强大磁场的人，用阳光的气质、坚定的行动、披荆斩棘的气魄、坦然面对失败的勇气等，去激励更多的人去做他们不敢做、不想做的但是对他们的工作和生活非常有意义的事情。

结束语
服务于职业目标的情商发展策略

情商是一个综合的概念，其中包括了15项具体的能力。尽管每一项能力对于职场发展都是非常重要的，但是对于不同的行业、不同的岗位以及不同性格特点的人而言，所需要情商能力的优先排序是不同的。例如，对于服务行业，从业人员在与客户互动时要真心地为对方着想，给对方带来体贴温暖的感受，因此情绪表达、坦诚表达、同理心、社会责任感和抗压等情商能力就显得非常重要；而对于互联网行业，从业人员对市场需求要快速做出反应，产品要快速更新迭代，因此该行业对自我肯定、独立性、解决问题、灵活性和乐观等情商能力的要求较高。从岗位角度来分析，销售岗位所需要的是目标坚定、敢作敢为和不畏困难的特质，这些特质是自我实现、坦诚表达、人际关系、解决问题、抗压能力和乐观等情商能力的综合体现；研发岗位则完全相反，所需要的是严谨、务实、客观和创新的特质，自我肯定、独立性、事实辨别和灵活性等情商能力是其中的核心要素。

从性格特点来分析，孔雀型性格的人可能在情绪表达、人际关系、同理心和灵活性等能力项上较有优势，但他们需要在坦诚表达、独立性、解决问题、事实辨别和抗压能力等方面有意识地加以提升，才能在问题面前更好地发挥个人主导性和能动性，从而促进目标结果的达成；老虎型性格的人可能在自我肯定、自我实现、独立性、解决问题和抗压能力等方面有突出优势，但他们需要在情绪表达、坦诚表达、人际关系、同理心和冲动控制等情商方面有意识地加以提升，才能影响他人更有合作的意愿，从而得到更多人的支持；猫头鹰型性格的人在坦诚表达、独立性、事实辨别和冲动控制方面可能有优势，但是他们的情绪表达、人际关系、同理心、灵活性和乐观等方面的情商能力需要提升，才能与他人更好地进行目标协同，从而赢得更多人的理解；变色龙型性格的人在情绪表达、人际关系、同理心、社会责任感和冲动控制等情商方面有较好的表现，但他们的自我肯定、自我实现、坦诚表达、独立性和解决问题等情商能力需要提升，才能更好地突出个人意志和目标，从而更好地实现个人和他人的共赢。

要成为职场精英，每个人都需要对自己的职业发展有所规划，而职业发展规划要遵循"发挥优势"的原则。你如果不确定自己在某方面是否具有优势，就要遵循"秉承天赋"的基本宗旨，找出你愿意做、愿意学、努力付出后能够获得满足感的事情。在明确了职业方向和目标之后，每个人都需要对自己的性格特点有所了解，基本清楚自己属于哪一类人，具有怎样的行为风格，有哪些优势和不足，这些优势和不足对职业发展有哪些影响；然后要了解自己的情商能力现状（欲了解测评及报告解读，请微信搜索"睿益EQ"小程序），熟悉自己的思维模式、情感模式和行为模式，分析这些反应模式对处理自己的、他人的、与结果和环境相关的问题会有怎样的影响。这个过程需要你进行以下几个方面的思考：第一，为了实现职业目标，你需要具备哪些核心能力特质？第二，这些特质都分别包括哪些情商能力项？第三，结合个人性格特点，综合分析情商能力的现状，你具备哪些优势，存在哪些不足？第四，如何制定个人情商领导力的发展策略？

例如，你喜欢做与人打交道的工作，也一直在从事营销工作，你的职业抱负是成为一名销售精英。销售精英需具备两项核心能力特质：一是拓展人脉，建立关系；二是要采取以目标为导向的行动策略。孔雀型性格的人通常在第一项能力方面具备优势，在第二项能力方面存在不足，这只是普遍性的类型特点。每个人都是独一无二的个体，你的实际现状是否如此呢？通过情商测评报告，如果你发现自己在"人际关系"情商能力方面的得分并不高，那么这便说明你在与他人建立和维护关系方面的优势没有被发挥出来；如果你发现自己在"自我肯定""自我实现"等维度的得分都偏低，那么这便说明你对自己没有信心，也没有很高的意愿追求挑战性的目标（人际关系优势未得到充分发挥，很可能是由你的不自信和目标感不强造成的；该优势项没有得到充分发挥，反过来也会影响到你的自信心和成就感）。通过这些分析，你就能发现影响你实现"成为一名销售精英"这一目标背后的关键情商能力，以及制约性的思维、情感和行为模式。此时，你就可以重点阅读本书的相关章节，深入理解这些方面的情商能力，并参考所提供的情商能力发展策略，设定相应的情商能力发展目标和行动方案。

无论要发展哪项情商能力，本书导言中介绍的ABCD情商发展系统都非常适用。此系统是指导大家在一些关键场景中，有意识地改变自己的想法、感受和做法，从而让自己在某些情商能力方面表现得更恰当、更有力，有利于同时实现"绩效"和"康乐"目标。我们仍然以上述销售精英的职业发展目标为例。经过分析，你发现了自己优势没有得到发挥、劣势暴露明显的主要原因是，自己的"自我肯定""自我实现"情商能力较低，因此你要在与客户互动的一些关键场合，有意识地提升自己在这两个方面的情商能力。那么，你该如何做呢？

A——意识情绪感受。情商发展的第一步是能够觉察、识别、理解和管理自己的情绪感受。每当与客户进行互动时，你内心的情绪感受通常都是紧张、胆怯、担心；大多数时候，你只会一味地答应客户的需求，不敢谈自己的真实想法；你之所以唯唯诺诺，不敢发表自己的观点，其背后的原因是害怕提出不同意见会令客户不高兴，害怕破坏与客户的关系，也担心自己提的要求会遭到拒绝。这些感受、想法和做法都是自我肯定情商能力低的表现。

B——管理行为表现。那么，怎样的行为表现能够展现自我肯定情商能力呢？就是在尊重和理解客户的前提下，你要勇于说出内心的真实想法，在"客户可能会不高兴"这一客观现实面前不退缩，让客户意识到你希望建立"双赢"的关系，达成"双赢"的目标。

C——管理观点认知。你需要有意识地改变自己内心的观点认知，要意识到"给客户提要求他们会不高兴""提议的方案被拒绝是没有面子的"这类想法对自己具有很强的制约性，要把这些想法改成"我的目标不只是为了让客户高兴""要实现目标，就要勇于面对拒绝，讲究面子是内心脆弱的表现"等等。当你改变了内心的想法，你的情感就会表现得更坚定，你的行为也会做出改变。当客户并没有因为你提出异议而变得不高兴，相反你们会沟通得更有效、更容易达成目标时，积极的结果会进一步强化你内心的认知。

D——情商能力提升。在不同的场景下，在与客户互动处理不同的问题和挑战时，你都要努力做到上述ABC三个步骤，这就说明你在有意识地提升"自我肯定""自我实现"的情商能力。你会变得越来越自信，越来越以结果为导向，也会越来越受到客户的尊重。

情商是职业化素养和心智成熟度的根基。我祝愿各位朋友都能够通过不断发展情商，走出一条属于自己的、能够同时实现"绩效"和"康乐"目标的宽广职业发展之路，在实现职业发展目标的过程中，让生命绽放出更绚烂的色彩！